职业教育计算机类专业系列教材

ASP网站建设项目教程

主　编　刘龙显
副主编　李奕奕　何光建　罗　建　黄　凯
参　编　李琼英　王晓燕　周去非　傅文萍　王俊奇

机械工业出版社

本书主要内容包括 ASP 动态网站开发环境的配置、Access 数据库的基本操作以及开发一个简单完整的 ASP 动态网站的详细操作。本书以 Dreamweaver CS5 的可视化开发环境作为主要工具，几乎不涉及较困难的代码书写及理论讲解，大大降低了学习 ASP 的难度，让读者通过项目的学习轻松上手。

本书可作为各类职业院校计算机及相关专业的教材，也可作为网站开发爱好者的自学参考用书。

本书配有电子课件，选用本书作为教材的教师可登录机械工业出版社教材服务网（www.cmpedu.com）注册后免费下载，或联系编辑（010-88379807）咨询。

图书在版编目（CIP）数据

ASP 网站建设项目教程/刘龙显主编．—北京：机械工业出版社，2014.4（2024.8 重印）
职业教育计算机类专业系列教材

ISBN 978-7-111-46577-5

Ⅰ．①A…　Ⅱ．①刘…　Ⅲ．①网页制作工具—程序设计—职业教育—教材
Ⅳ．①TP393.092

中国版本图书馆 CIP 数据核字（2014）第 087686 号

机械工业出版社（北京市百万庄大街 22 号　邮政编码 100037）
策划编辑：张星瑶　梁　伟　　责任编辑：李绍坤
版式设计：常天培　　责任校对：张　力
封面设计：马精明　　责任印制：单爱军

北京虎彩文化传播有限公司印刷

2024 年 8 月第 1 版第 12 次印刷
184mm×260mm・11.75 印张・274 千字
标准书号：ISBN 978-7-111-46577-5
定价：38.00 元

电话服务	网络服务
客服电话：010-88361066	机　工　官　网：www.cmpbook.com
010-88379833	机　工　官　博：weibo.com/cmp1952
010-68326294	金　　书　　网：www.golden-book.com
封底无防伪标均为盗版	机工教育服务网：www.cmpedu.com

前　　言

网页制作技术应用已经很普及，很多初学者希望能够快速掌握开发 ASP 动态网站的技巧，但又对编写代码望而生畏，因此，编者结合自己长期的一线教学经验编写了本书。本书详细地介绍了通过 Dreamweaver CS5 开发简单的 ASP 动态网站的方法。

本书采用 Dreamweaver CS5 的可视化开发环境，加上很少的代码，再加上 Access 数据库，完成 ASP 动态网站的开发。实践证明，这种充分利用 Dreamweaver CS5 可视化开发环境开发 ASP 动态网站的方法，是普通网页制作爱好者最有效的学习方式之一。

项目 1 讲解动态网站的整体规划，项目 2 讲解 Access 数据库中与 ASP 联系紧密的基本操作，项目 3 讲解 ASP 对数据的基本操作（以成绩查询为例），项目 4 讲解用户注册与登录，项目 5 讲解留言与评价，项目 6 讲解新闻信息，项目 7 讲解网站公告，项目 8 讲解管理员管理与登录，项目 9 讲解系统调试，项目 10 讲解域名空间的申请与网站的上传。

在讲解的同时，安排了成绩管理、用户管理、留言管理和新闻网站 4 个综合实训项目，相信能对学习产生帮助。

教学建议如下。

内　　容	理 论 学 时	动手操作学时
项目 1　整体规划动态网站	6	6
项目 2　Access 数据库的基本操作	5	8
项目 3　ASP 对数据的基本操作	17	16
项目 4　制作用户注册与登录网页	7	8
项目 5　制作留言与评价网页	4	6
项目 6　制作新闻信息网页	3	4
项目 7　制作网站公告网页	4	4
项目 8　制作管理员登录与管理网页	4	4
项目 9　调试网站系统	4	4
项目 10　发布网站	2	2
实训项目 1　成绩管理		6
实训项目 2　用户管理		6
实训项目 3　留言管理		6
实训项目 4　新闻网站		6
合计	56	86

本书由刘龙显任主编，李奕奕、何光建、罗建和黄凯任副主编，参加编写的还有李琼英、王晓燕、周去非、傅文萍和王俊奇。

由于编者水平有限，本书内容难免有疏漏和不当之处，恳请各位专家和广大读者批评指正。

编　者

目　录

项目 1　整体规划动态网站

对于网站，其实大多数人都知道，并且几乎都浏览过。现在一起来看看一个网站。启动 IE 浏览器，在地址栏中输入网址“http://zysc.web-208.com”，效果如图 1-1 所示。

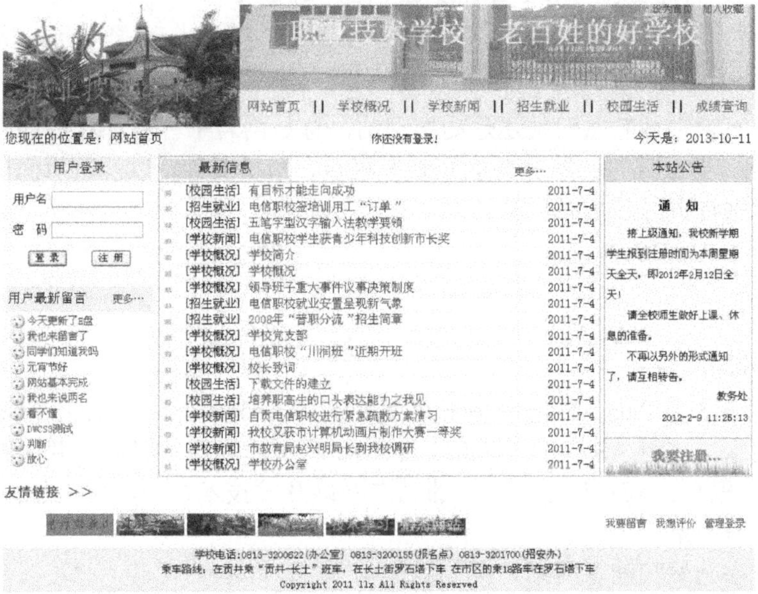

图 1-1　网站首页

大家可以逐一浏览每个页面，想一想每个页面有些什么信息？它是怎么设计出来的？自己可以设计吗？

如果请你设计一个网站来让别人浏览，那么你知道要经过哪些过程吗？

一般可以分成 4 个步骤来实现。第一，在本地计算机中设计制作本地站点；第二，在互联网上申请域名空间；第三，将设计制作好的本地站点上传到申请的空间；第四，用申请的域名浏览上传好的站点。

本书就按以上 4 个步骤来同大家一起建立个人网站。

要建立好自己的个人网站，首先就要认真地规划它。

任务 1　规划动态网站

学习目标：理解建立网站的操作步骤；掌握网站功能和网站结构的分析、规划方法；学习绘制网页布局草图；学习规划个人网站。

学习重点：分析、规划动态网站。

学习难点：分析定位个人网站的功能。

学习方法：结合静态网站的制作方法来学习。

学习课时：2。

任务情境

已学过用 Dreamweaver 设计制作静态网站。回想一下，在开始制作静态网站时，是怎么做的？

想起来了吗？是不是首先对整个网站进行了详细的规划，然后才具体制作的？

现在要学习的 ASP 动态网站是否还按这个思路进行呢？

任务分析

一个网站，不管它是静态网站还是动态网站，总是由若干栏目和相应的网页组成的。对于 ASP 动态网站，要根据它的服务功能规划好栏目、网页文件，以及网页间的链接关系，再进一步设计出网站首页的基本布局草图。

任务实施

规划网站功能

ASP（Active Server Page，动态服务器页面）是 Microsoft 公司于 1996 年推出的一种 Web 应用程序开发技术。使用 ASP 可以创建以 HTML 网页作为用户界面，并能够与数据库进行交互的 Web 应用程序。ASP 是当今流行的动态网站开发技术之一，可用于构建 Windows 服务器平台上的动态网站。

网站分为静态网站和动态网站。

静态网站是由标准的 HTML 网页文件组成的，文件的扩展名是.htm、.xml 或.html。其优点是占用服务器资源较少，缺点是制作和维护工作量较大、交互性差。

动态网站是由动态网页组成的，动态网页是采用动态网站技术生成的网页，文件的扩展名包括.asp、.jsp 和.php 等形式。其优点是可以按需要定制交互功能，数据库查询功能强大，缺点是耗费服务器资源。

对于动态网站的功能，不同的单位有不同的要求。现以职业技术学校的网站为例简单分析一下网站的功能是如何确定的。

学校网站是学校师生交流的阵地，且交流的大多是有关师生及学校内部的事情。因此，职业技术学校的一个简单的动态网站的功能可大体分为以下几方面。

注册登录。学校的师生若想在此网站上留言、评价、查询成绩都必须是本站的注册并由后台管理员审核通过的用户。若没有注册只能浏览一般信息。

用户留言。这个功能是大多数学校网站都有的功能，主要是为了师生交流有关信息。

网站评价。这是网站的所有者与浏览者之间沟通的桥梁。

成绩查询。学生们考试结束后，一般都离开了学校，对于自己的考试成绩最好能在网站上查询得到。此功能比较实用。

网站公告。这是学校的通知、通告等安排信息发布的地方。

学校概况。介绍学校的基本情况，包括学校领导、学校教师、学校设备、学校管理等。

学校新闻。及时发布学校发生的新鲜事情，传达有关信息。

招生就业。介绍学校开设专业情况，通报就业信息和就业状况。

校园生活。主要介绍在校学生的学习、生活和活动情况。

本网站的系统功能模块结构图如图 1-2 所示。

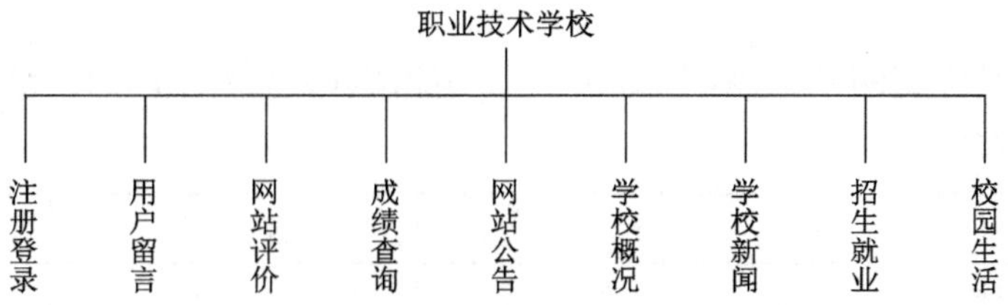

图 1-2　网站的系统功能模块结构图

规划网站结构

动态网站一般可分为前台部分和后台部分。根据网站功能模块细化成具体的网页，确定好它们的关系，从而将网站文件结构绘制出来。

规划布局网站首页 index.asp。在这个网页中应包含本网站的所有栏目的链接，也就是说本网站的所有功能都会在此有所体现。它的首页结构草图如图 1-3 所示。

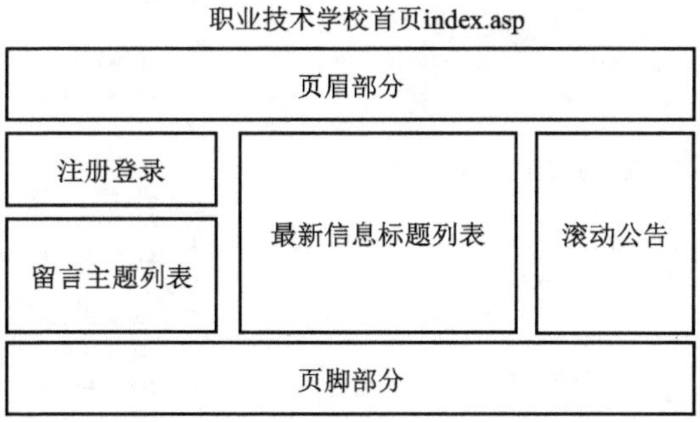

图 1-3　网站首页结构草图

根据网站功能模块，可以细分出网站所需的每个网页。

前台部分的网页文件如下：用户注册页 us_add.asp、用户注册失败提示页 us_add_wrong.asp、用户注册成功提示页 us_add_ok.asp、留言列表页 ly_list.asp、留言搜索页 ly_search.asp、留言显示页 ly_view.asp、本站评价页 ly_bzpj.asp、用户登录页 login.asp、注册用户信息页 us_infor.asp、成绩查询页 cj_search.asp、成绩显示页 cj_ view.asp、信息显示页 xx_view.asp、学校新闻页 news.asp、学校概况页 xxgk.asp、校园生活页 xysh.asp、招生就业页 zsjy.asp、管理登录页 admin_login.asp。

后台部分的网页文件如下：后台管理页 admin.asp、信息管理页 xx_admin.asp、信息增加页 xx_add.asp、信息修改页 xx_edit.asp、信息删除页 xx_del.asp、公告管理页 gg_admin.asp、公告增加页 gg_add.asp、公告修改页 gg_edit.asp、公告删除页 gg_del.asp、留言管理页 ly_admin.asp、留言删除页 ly_del.asp、评站管理页 pz_admin.asp、评站删除页 pz_del.asp、成绩管理页 cj_admin.asp、成绩搜索页 cj_admin2.asp、成绩删除页 cj_del.asp、成绩修改页 cj_edit.asp、成绩增加页 cj_add.asp、成绩增加失败提示页 cj_add_wrong.asp、用户管理页

us_admin.asp、用户审核页 us_shen.asp、审核结果页 us_shen_ok.asp、用户修改页 us_edit.asp、用户删除页 us_del.asp、管理员管理页 gly_admin.asp、管理员修改页 gly_edit.asp、管理员删除页 gly_del.asp、管理员增加页 gly_add.asp、管理员增加失败页 gly_add_wrong.asp。

网站文件结构图如图 1-4 所示。网站结构关系图如图 1-5 所示。

任务评价

本任务主要就是确定网站主题，绘制出一个功能图和两幅结构草图。这三个图非常重要，它们是以后操作的指南。

内　　容	分　　值	自　　评	师　　评
绘制网站功能图	20		
绘制网站结构图	40		
绘制首页结构草图	40		
合　　计	100		

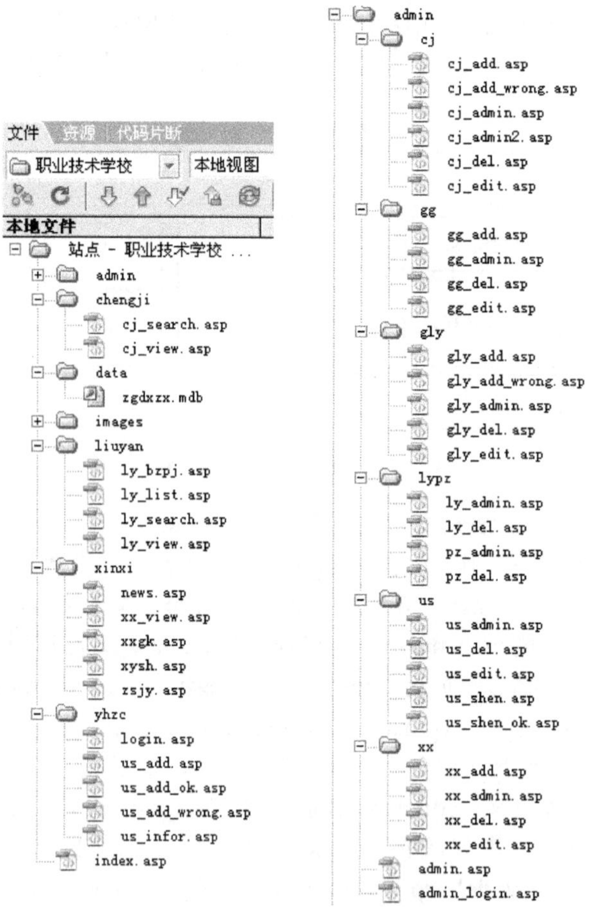

图 1-4　网站文件结构图

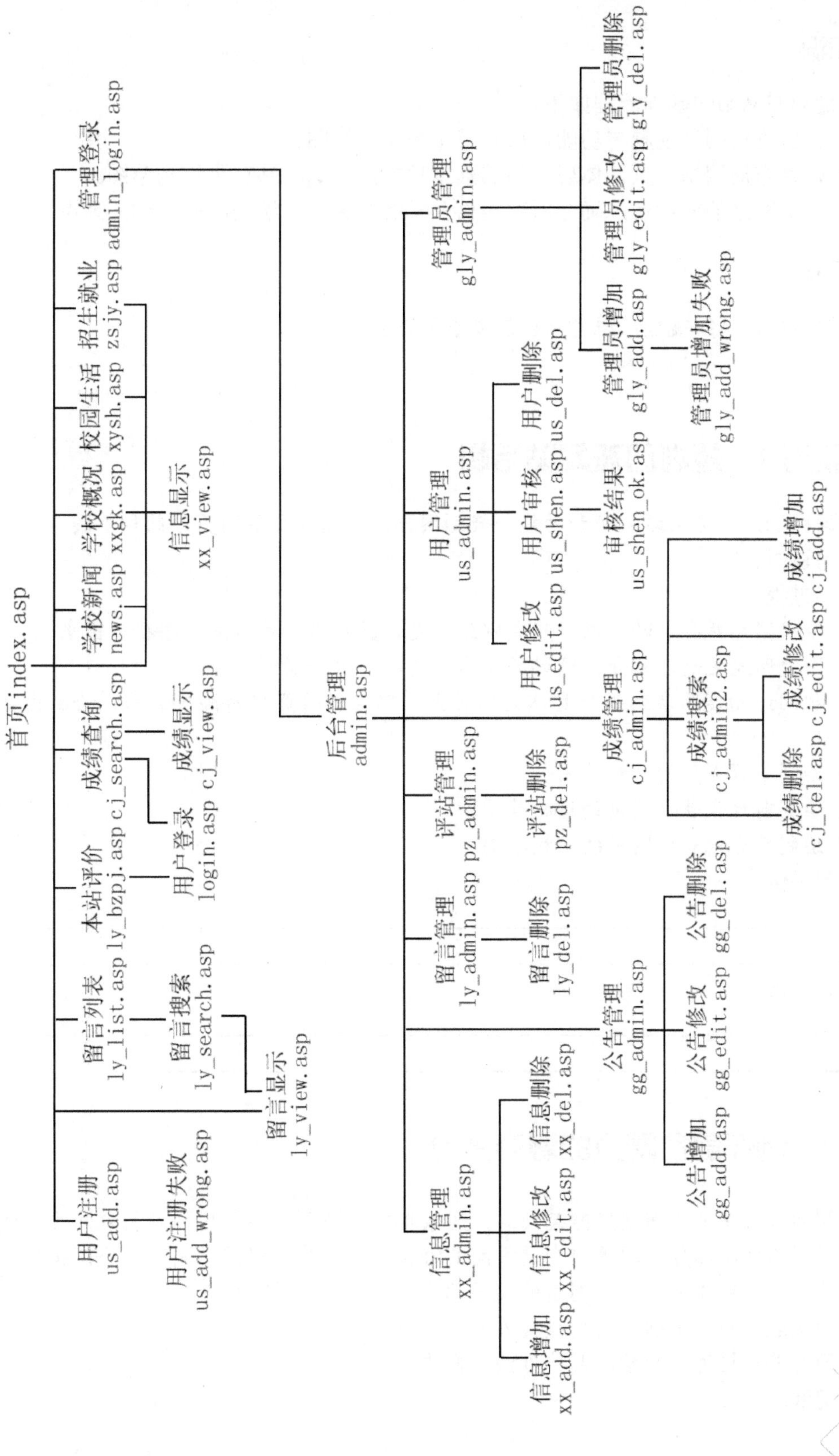
首页index.asp
用户注册
us_add.asp
用户注册失败
us_add_wrong.asp
留言显示
ly_view.asp
留言列表
ly_list.asp
留言搜索
ly_search.asp
本站评价
ly_bzpj.asp
用户登录
login.asp
成绩查询
cj_search.asp
成绩显示
cj_view.asp
学校新闻
news.asp
学校概况
xxgk.asp
校园生活
xysh.asp
招生就业
zsjy.asp
信息显示
xx_view.asp
管理登录
admin_login.asp
后台管理
admin.asp
信息管理
xx_admin.asp
信息增加
xx_add.asp
信息修改
xx_edit.asp
信息删除
xx_del.asp
留言管理
ly_admin.asp
留言删除
ly_del.asp
评站管理
pz_admin.asp
评站删除
pz_del.asp
用户管理
us_admin.asp
用户修改
us_edit.asp
用户审核
us_shen.asp
用户删除
us_del.asp
审核结果
us_shen_ok.asp
管理员管理
gly_admin.asp
管理员增加
gly_add.asp
管理员修改
gly_edit.asp
管理员删除
gly_del.asp
管理员增加失败
gly_add_wrong.asp
公告管理
gg_admin.asp
公告增加
gg_add.asp
公告修改
gg_edit.asp
公告删除
gg_del.asp
成绩管理
cj_admin.asp
成绩搜索
cj_admin2.asp
成绩删除
cj_del.asp
成绩修改
cj_edit.asp
成绩增加
cj_add.asp

图 1-5　网站结构关系图

必备知识

规划动态网站的基本流程如下。

1）分析确定网站主题与功能，绘制网站系统模块图。

2）规划布局网站首页，体现网站的基本功能，绘制网站首页结构草图。

3）分清网站的前后台，确定所有网页及其链接关系，绘制网站结构关系图。

触类旁通

浏览网站，理解规划；思考自己的动态网站。

实习 1　规划动态网站结构

实习目标：确定网站主题和功能，规划网站结构图和主要网页的结构草图。

实习课时：2。

实习过程：

1）根据网站所有者的要求，确定网站主题，并把它明确地用文字描述出来。

2）围绕网站主题，细分出网站的具体功能，画出功能图。

3）把网站功能落实到每个具体的网页上，确定好网页间的链接关系，绘制出整个网站的结构图。

4）绘制首页布局的结构草图。

5）绘制前台代表性网页的结构草图。

6）绘制后台代表性网页的结构草图。

学习评价：

____

____

学习反思：

____

____

任务 2　制作前台网页的静态部分

学习目标：熟练快速创建静态网站，用表格规划网页；会分析网站前台网页，迅速编辑好前台网页的共同部分；理解前台网页间的链接关系，构建好网站前台部分的框架。

学习重点：制作网站前台网页的相同部分；构建网站前台框架。

学习难点：建立正确的网页链接关系。

学习方法：按静态网站的制作方法来操作。

学习课时：2。

任务情境

浏览网站时，不知你是否发现前台部分的网页有相同的内容？如果有，那么可不可以将这些相同的内容快速地制作好？

对于网页的相同部分，最好在一个网站中只做一次。那么怎样将不同网页的相同部分快速地制作完成呢？

这里，可以使用文件菜单中的“另存为”命令！

任务分析

通过再次浏览网站，确实发现它们有相同的内容。

实际上，动态网页与静态网页有非常大的联系，动态网页是在静态网页的基础上，添加动态内容而成的。刚才看到的每个网页的相同内容，绝大部分就是静态网页的内容。因此，可以按静态网页的制作方法和步骤首先将它们制作完成。

进一步分析可知，相同内容集中在页眉和页脚两个位置，主体部分各不相同。因此，只制作页眉、页脚就可以了，把主体空出来，以后分别完成。

设计制作好一个网页后，执行“文件”→“另存为（A）…”命令快速制作其他的前台网页。

任务实施

完成这个任务可分两个阶段实施：制作一个有共同内容的网页；另存为所有网页。

第一阶段，制作前台网页的共同部分。

1）创建本地静态网站，新建一个网页，命名为“前台.asp”。

2）单击“属性”面板中的“页面属性…”按钮，单击“分类”中的“标题/编码”项，将右面“编码”下拉列表框的值从“Unicode（UTF-8）”改为“简体中文（GB2312）”，如图 1-6 所示。

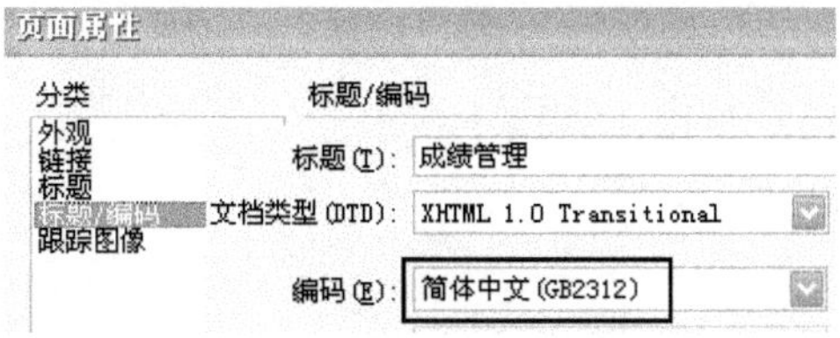

图 1-6　设置网页编码

3）用表格规划网页。添加 1 个 3 行 2 列、宽为 1024px、边框为 0、填充为 0、间距为 0、居中对齐的表格规划页眉；添加 1 个 1 行 3 列、宽为 1024px、边框为 0、居中对齐的表格规划主体；添加 1 个 2 行 1 列、宽为 1024px、边框为 0、居中对齐的表格规划页脚，如图 1-7 所示。

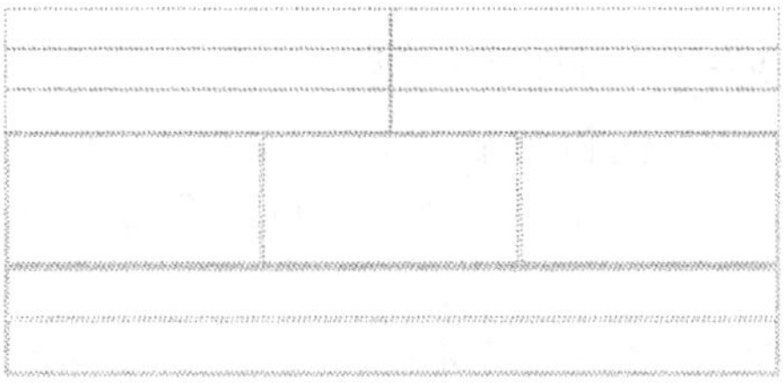

图 1-7　用表格规划网页

将页眉表格的第 1 列第 1、2 行合并为 324×168px 的单元格用以放置站标图 logo.gif；将第 1 行第 2 个单元格的大小设为 700×118px 用以放置横幅图 banner.gif；第 2 行第 2 个单元格的大小设为 700×50px 用以放置导航栏，在此再添加 1 个 1 行 11 列、宽为 690px、边框为 0、居中对齐的表格，单元格的高设为 35px。将第 3 行合并，高设为 30px，再添加 1 个 1 行 3 列、高为 30px 的表格用以显示一些提示信息。

在页脚的第 1 行中添加 2 行 10 列的表格（第 1 行合并）用以设置友情链接；第 2 行中添加 3 行 1 列的表格用以设置版权信息。

规划结果如图 1-8 所示。

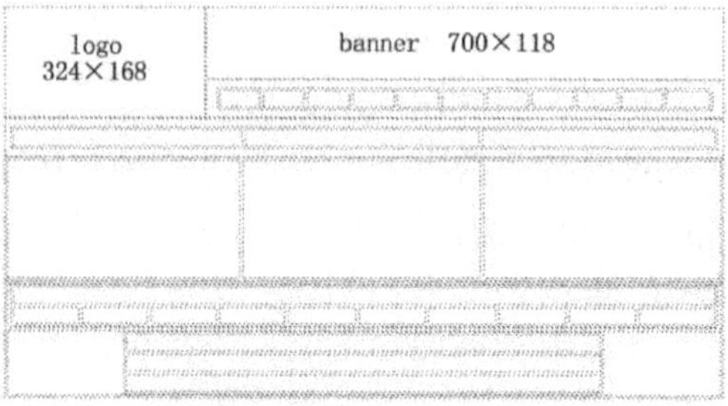

图 1-8 用表格规划页眉、页脚

4）插入相应的图片，录入提示性文字，设置好所有超链接并保存，结果如图 1-9 所示。

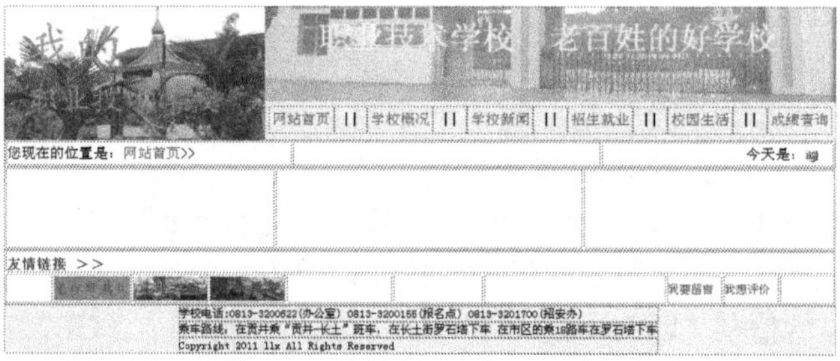

图 1-9 编辑好的页眉、页脚

页面中的链接关系如下：

网站首页→index.asp。

学校概况→xxgk.asp。

学校新闻→news.asp。

招生就业→zsjy.asp。

校园生活→xysh.asp。

成绩查询→cj_search.asp。

我要留言→ly_list.asp。

我想评价→ly_bzpj.asp。

5）在页眉右下角添加获取现在日期的代码。

① 将光标定位在“今天是：”的冒号后面。

② 单击网页编辑窗口左上角的“代码”按钮，将网页视图方式从“设计”方式转换到“代码”方式。

③ 在当前光标位置输入“<%=date（）%>”，它表示“显示计算机当前系统日期”。

④ 返回“设计”方式，在当前位置出现 ASP，如图 1-9 所示。

第二阶段，将“前台.asp”另存为前台所有网页。

按如图 1-4 所示的站点文件关系，执行“文件”→“另存为（A）…”命令创建网站前台的所有网页文件。如果出现“要更新链接吗？”的提示，则一定要选择“是（Y）”，以保证网页间的链接正确。

任务评价

页面中的图片可以自行替换，友情链接也应根据网站的实际来建立，版权信息更不能照搬别人的。

本任务最重要的有三个方面的内容，它们不能出错。第一，对页眉页脚的规划；第二，前台网页中的所有超链接；第三，显示日期的代码。

内　容	分　值	自　评	师　评
前台网页整体规划	20		
规划编辑页眉	20		
显示当前日期的代码	20		
规划编辑页脚	20		
创建所有前台网页	20		
合　计	100		

必备知识

快速设计制作有相同内容的网页主要可以用两种方法：用模板创建网页；用“另存为”菜单命令。

第一种方法可以随时修改模板，从而一次性地修改所有用此模板创建的网页，适合于可能要修改相同内容的时候使用。

用第二种方法创建的网页，就只有分别修改相同的内容，适合于内容确定好的时候使用。本节网页中的相同内容就是确定好的，因此，可以用“另存为”菜单命令快速创建与当前网页有相同内容的网页。

触类旁通

用两种方法快速创建自行设计的有相同内容的一组网页。

实习 2　创建网站前台网页的静态部分

实习目标：理解前台网页间的链接关系，认清它们的共同静态内容，快速创建网站前台文件框架。

实习课时：2。

实习过程：

1）启动 Dreamweaver CS5，以“职业学校”为名将“E:\2101\ASP”定义为静态网站。

2）新建一个网页“untitled.html”，把它改名为“前台.asp”。

3）设计制作“前台.asp”。

① 用表格规划网页。

② 规划、编辑页眉，创建好正确的超链接、添加正确的显示当前日期的代码。

③ 规划、编辑页脚，创建好正确的超链接。

④ 把网页标题改为“前台网页”，并保存。

4）用“另存为”的方法，依次创建前台的所有网页。

注意

现在预览网页，是不会正确显示信息的，因为文件的扩展名是.asp。如果想预览网页，则可以暂时删除添加日期代码，再把文件扩展名改为.html。

学习评价：

____

____

学习反思：

____

____

任务 3　制作后台网页的静态部分

学习目标：会分析网站后台网页，迅速编辑好后台网页的共同部分；理解后台网页间的链接关系，构建好网站后台部分的框架。

学习重点：制作网站后台网页的相同部分；构建网站后台框架。

学习难点：建立正确的网页链接关系。

学习方法：按静态网站的制作方法来操作。

学习课时：2。

任务情境

假如你是网站的管理员，登录网站后台，浏览一下后台的所有网页，你也可以很容易地发现，这些网页也是有很多相同内容的。那么，为了更快地制作后台网页，是否也有好办法呢？

通过分析、设计前台网页的相同内容，可以用同样的方法分析、设计后台网页的相同内容，且它的相同内容如图 1-10 所示。

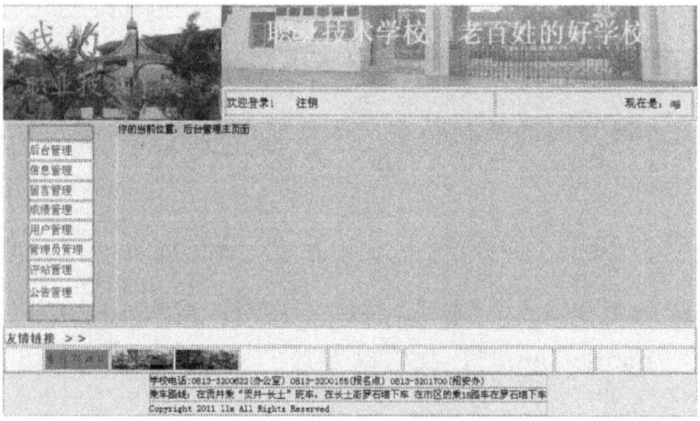

图 1-10　后台网页的相同内容

任务分析

制作好了前台网页，现在来制作后台网页就比较轻松了。后台网页要制作的部分有三个，即页眉、主体左部、页脚。

与前台网页的制作方法一样，设计制作好一个网页后，执行“文件”→“另存为（A）…”命令，快速制作另外的后台网页。

任务实施

1）打开本项目任务 2 中的静态网站，在 admin 文件夹中新建一个名为“后台.asp”的网页。

2）单击“属性”面板中的“页面属性…”按钮，单击“分类”中的“标题/编码”项，将右面“编码”下拉列表框的值从“Unicode（UTF-8）”改为“简体中文（GB2312）”，如图 1-6 所示。

3）用表格规划网页。添加 1 个 2 行 2 列、宽为 1024px、边框为 0、填充为 0、间距为 0、居中对齐的表格规划页眉；添加 1 个 1 行 2 列、宽为 1024px、边框为 0、居中对齐的表格规划主体；添加 1 个 2 行 1 列、宽为 1024px、边框为 0、居中对齐的表格规划页脚。

4）用制作前台网页的方法制作好后台网页的页眉和页脚，结果如图 1-11 所示。

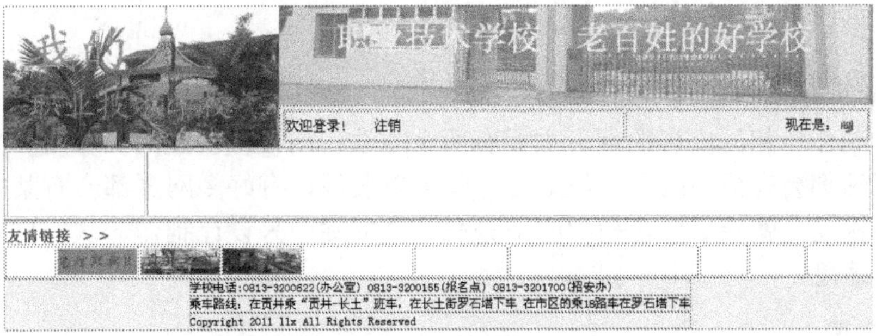

图 1-11　后台网页的页眉、页脚

页眉右下角显示的是计算机系统的当前日期和时间，代码为“<%=now（）%>”。

5）制作主体左部的导航栏。在主体表格的左边单元格中添加 1 个 10 行 1 列的表格，在它的第 2 到 9 行中录入提示性文字，设置好所有超链接。将主体表格边框的颜色属性设置为 bordercolor=“#CCFF99”，将主体表格背景的颜色属性设置为 bgcolor=“#CCCCCC”，结果如图 1-10 所示。

页面中的链接关系如下：

后台管理→admin.asp。

信息管理→xx_admin.asp。

留言管理→ly_admin.asp。

成绩管理→cj_admin.asp。

用户管理→us_admin.asp。

管理员管理→gly_admin.asp。

评站管理→pz_admin.asp。

公告管理→gg_admin.asp。

6）将“后台.asp”另存为后台所有网页。

按如图 1-4 所示的站点文件关系，执行“文件”→“另存为（A）…”命令，创建网站后台的所有网页文件。如果出现“要更新链接吗？”的提示，则一定要选择“是（Y）”，以保证网页间的链接正确。

与前台网页一样，后台页面中的图片可以自行替换，友情链接也应根据网站的实际来建立，版权信息更不能照搬别人的，应该是自己的或公司的。

任务评价

与前台网页一样，本任务最重要的也有三个方面的内容，它们不能出错。第一，对页眉页脚的规划；第二，后台网页中的所有超链接；第三，显示日期和时间的代码。

内　容	分　值	自　评	师　评
后台网页整体规划	20		
规划编辑页眉	20		
显示日期时间的代码	20		
规划编辑页脚	20		
创建所有后台网页	20		
合　计	100		

必备知识

1. 快速设计制作有相同内容的网页

快速设计制作有相同内容的网页主要有两个方法：用模板创建网页；用“另存为”菜单命令。每个网站都会有很多网页，但细心一些可以发现，有好多网页都会有某些相同的内容或布局。只要相同，就应尽量让相同的部分在一个网站中只设计制作一次。这样就能大大加快网站的制作速度。

2. 网页布局

网页的布局千变万化，很难有几条固定的规则。常用的布局类型有三种：“T”型布局、“口”型布局和“三”型布局。

“T”型布局就是指页面顶部为横向的网站标志和广告条，下方左面为导航条，右面显示内容的布局。这种布局看起来整体效果有点类似英文字母“T”。这种布局的优点是页面结构清晰，主次分明。缺点是有很多人在使用，显得没有新意。任务中的后台部分网页用的就是这种布局。

“口”型布局通常上边、下边都有一个广告条，中间左面是主导航条，中间右面放置友情链接，中间是网页的主要内容。这种布局的好处是利用版面比较充分，信息量较大。不足之处是页面有些拥挤，也不够灵活。

“三”型布局通常是把页面横向分成三部分，或者更多。任务中的前台部分网页用的就是这种布局。

3. 布局方法

网页布局的方法也越来越多，对初学者来说还是用表格布局最简单易学、直观易于修改。使用表格布局网页要注意以下几个方面。

1）要注意确定表格宽度。现在至少应该是1024px，因为显示器的尺寸都比较大了。

2）注意表格数量。一个网页的内容不能全部规划到一个表格中，可以考虑放在从上到下的三个表格作为主要规划，再在其中嵌套表格来细化网页布局。

3）灵活使用单元格的拆分与合并操作。

4）正确理解和使用表格属性：对齐方式、边框值、间距值和填充值。

5）注意表格的单元格的垂直方向和水平方向的对齐方式。

4. ASP代码

在页眉右下角添加的显示计算机系统当前日期和时间的代码就是ASP代码。ASP代码就是位于标签“<%”和“%>”之间的。等号“=”表示显示的意思，date()是获取计算机的系统日期的函数，now()是获取计算机的系统日期和时间的函数。

触类旁通

用多种方法快速创建自行设计的有相同内容的一组网页，然后选择一种喜欢的方法再次实践，力争熟练掌握它，真正快速地创建需要的网页。

实习3 创建网站后台网页的静态部分

实习目标：理解后台网页间的链接关系，认清它们的共同静态内容，快速创建网站后台文件框架。

实习课时：2。

实习过程：

1）启动Dreamweaver CS5，打开实习2中定义的静态网站。

2）在“admin”文件夹中新建一个网页“untitled.html”，把它改名为“后台.asp”。

3）设计制作“后台.asp”。

① 用表格规划网页。

② 规划、编辑页眉，添加正确的显示当前日期和时间的代码。

③ 规划主体的左部，创建好正确的超链接。

④ 规划、编辑页脚，创建好正确的超链接。

⑤ 把网页标题改为“后台网页”，并保存。

4）用“另存为”的方法，依次创建后台的所有网页。

注意

现在预览网页，是不会正确显示信息的，因为文件的扩展名是.asp。如果想预览网页，则可以暂时删除添加日期和时间代码，再把文件扩展名改为.html。

学习评价：

____

____

学习反思：

项目小结

规划动态网站的最基本流程如下。

1）分析确定网站主题与功能，绘制网站系统模块图。

2）规划布局网站首页，体现网站的基本功能，绘制网站首页结构草图。

3）分清网站的前后台，确定所有网页及其链接关系，绘制网站结构关系图。

4）分别制作出网站的前台网页、后台网页的静态部分，根据网站结构关系图，创建网站所需的所有网页文件，为制作动态部分做好准备。

实战强化

浏览网站，理解规划；思考自己的动态网站；制作出网页的静态部分。

习题

1．填空题

1）ASP 的中文意思是（　　　　　　　　），它是（　　　　　　　　）公司于 1996 年推出的一种（　　　　　　　　）应用程序开发技术。

2）网页可分为静态网页和（　　　　　　　　）网页两大类。

3）动态网站一般可分为两大部分：（　　　　　　　　）和（　　　　　　　　）。

2．判断题

1）动态网站是以静态网站为基础的。（　　）

2）动态网站的上传方法与静态网站完全不同。（　　）

3）采用了不同于静态网页的方法来规划动态网页。（　　）

3．简答题

结合实际，简述规划一个简单的动态网站的基本流程。

项目 2　Access 数据库的基本操作

动态网站与静态网站的重要区别就是动态网站需要相应的数据库管理信息。本书中的网站用的是 Access 数据库，设计制作动态网站时应先创建所需的 Access 数据库。

Access 是一个数据库系统。它与其他数据库系统相比，更加简单易学，并且功能足够强大，完全可以满足一般动态网站的数据管理及处理需要。

任务 1　创建 Access 数据库

学习目标： 掌握创建 Access 数据库和数据表的方法；掌握数据表的操作方法；创建一个适当的数据库。

学习重点： 创建数据表。

学习难点： 分析确定好各数据表中所需的字段。

学习方法： 理解掌握相关操作。

学习课时： 2。

任务情境

如果在动态网站中能查询到成绩，可以留言，可以浏览新闻，可以注册用户，还可以看到网站中不时发布的一些最新公告等，那么这些信息存放在什么地方呢？要保存有关信息，将会用到什么软件呢？这时就要学习 Access 2003 了。

任务分析

实际上，上面那些信息是存放在事先准备好的数据库的数据表中的。因此，制作动态网站时，就要根据网站功能，设计出相应的数据库及其数据表以存放网站所需的信息。

任务实施

1．创建数据库

1）执行“开始”→“程序”→“Microsoft Office 2003”→“Microsoft Office Access 2003”命令，启动 Access，如图 2-1 所示。

2）在“Microsoft Access”窗口中选择“文件”菜单，在下拉菜单中选择“新建”命令，如图 2-2 所示。

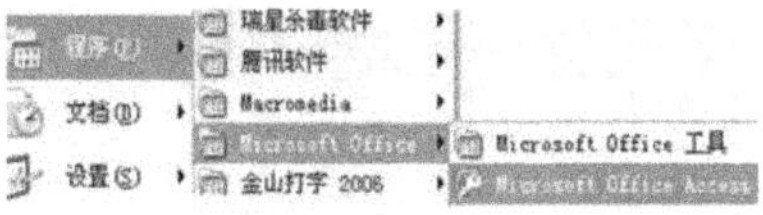

图 2-1　启动 Access

图 2-2　新建库文件

3）弹出“新建”对话框，选择“数据库”选项，如图 2-3 所示。

4）弹出“文件新建数据库”对话框，如图 2-4 所示。

5）在“保存位置”后面的文本框中单击下拉菜单选择数据库的保存位置，如 E:\2101\ASP\data。

6）在“文件名”后面的文本框中输入数据库文件名，如 zgdxzx.mdb。

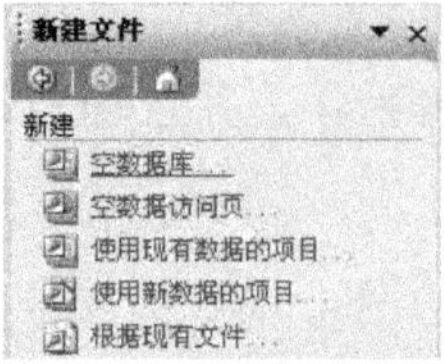

图 2-3　选择空数据库

图 2-4　选择保存位置

7）选择保存位置和文件名，如图 2-5 所示。

8）单击“创建”按钮，即创建好了 1 个名为“zgdxzx.mdb”的数据库，如图 2-6 所示。

图 2-5　为数据库命名

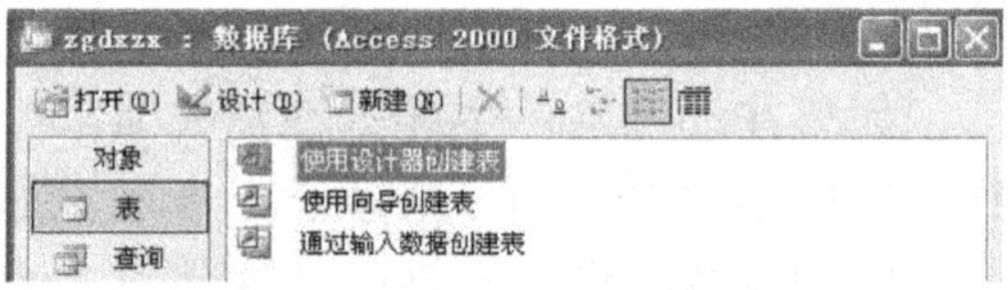

图 2-6　创建好的空数据库

2. 添加数据表

数据表是 Access 数据库的基础，是信息的载体。其他对象，如查询，是将数据表中的信息以各种形式表现出来，方便用户使用这些信息。

1）在图 2-6 中双击“使用设计器创建表”选项，会出现如图 2-7 所示的对话框。

2）将光标移动到“字段名称”列的第 1 行中，输入“学籍号”，如图 2-8 所示。

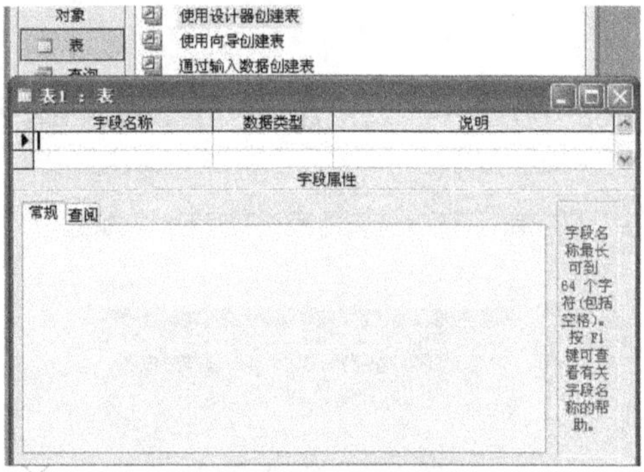

图 2-7　用设计器创建数据表

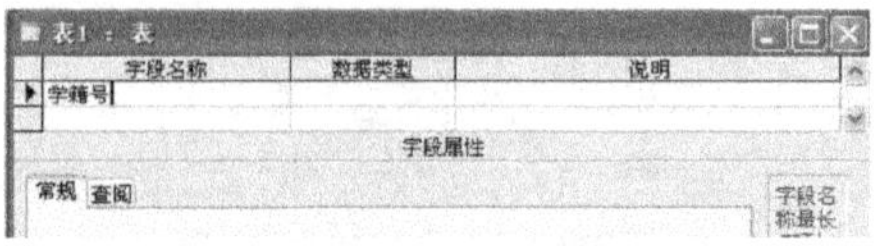

图 2-8　输入第一个字段名

3）将光标移动到“数据类型”一列中，此时，在“数据类型”列中会显示出一个下拉按钮，单击此下拉按钮，在弹出的下拉列表中选择“文本”选项，设置“学籍号”字段的类型为“文本”，如图 2-9 所示。

4）设置“字段类型”后，在“字段属性”下方的“常规”选项卡中，可以设置字段的大小、格式和索引等，如图 2-10 所示。

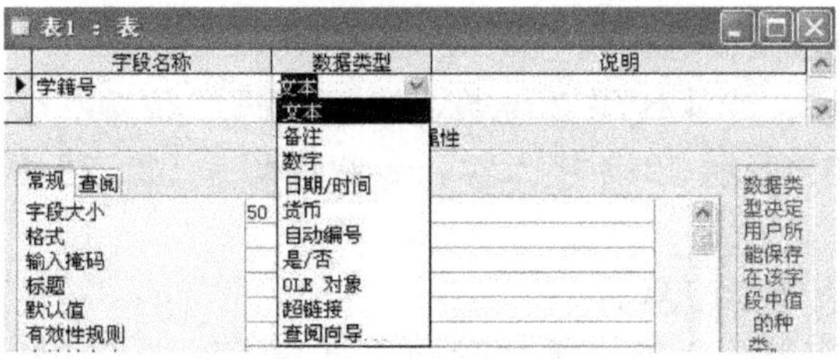

图 2-9　选择字段类型

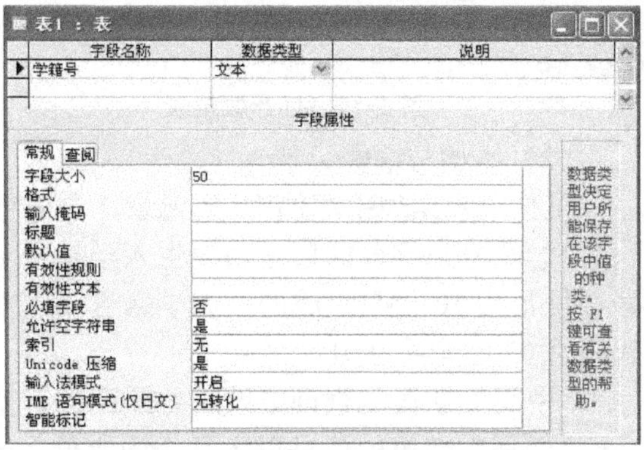

图 2-10　设置字段的常规属性

5）重复上述步骤，添加其他字段（学籍号、姓名、性别、班级、密码、语文、数学、英语、政治、体育、专一、专二、专三、专四、期别、发布日期、评语），并设置其属性。

chengji 数据表的表结构见表 2-1（“单数”表示单精度型数字）。

表 2-1　chengji 数据表的表结构

字段名	学籍号	姓名	性别	班级	密码	语文	数学	英语	政治
类型	文本	文本	文本	文本	文本	单数	单数	单数	单数
大小	10	8	4	50	20				
字段名	体育	专一	专二	专三	专四	期别	发布日期		评语
类型	单数	单数	单数	单数	单数	文本	日期/时间		备注
大小						10	默认值 now（）		

6）将字段“学籍号”设置为主键，结果如图 2-11 所示。

7）执行“文件”→“保存”命令，如图 2-12 所示。在打开的“另存为”对话框中在“表名称”文本框中输入表名“chengji”，单击“确定”按钮。

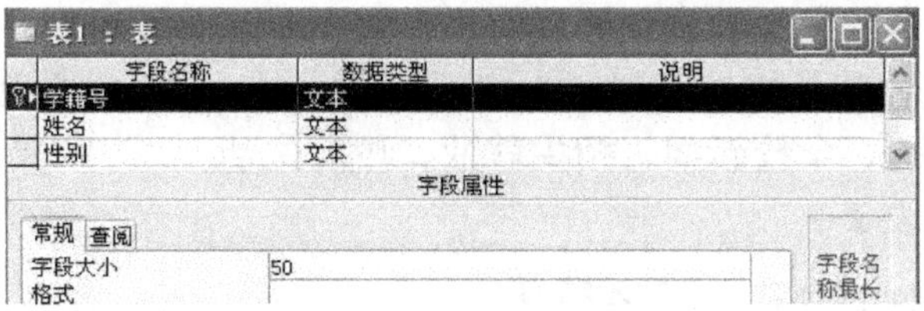

图 2-11　设置主键

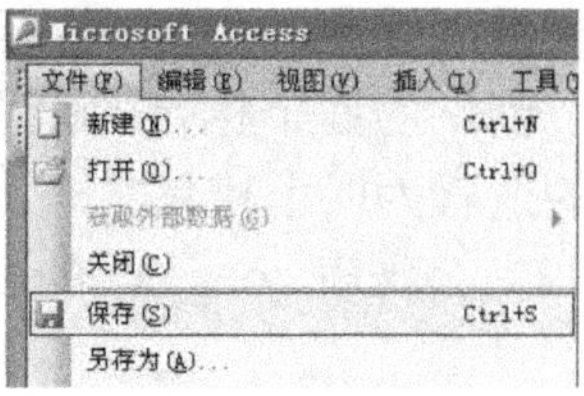

图 2-12　保存数据表

3．对数据表的操作

（1）浏览数据表

1）打开已经建立的“zgdxzx.mdb”数据库，在右侧的对象区域中双击“chengji”表的图标，即可打开表“chengji”，如图 2-13 所示。

2）打开的数据表如图 2-14 所示，此时的数据表中无任何内容，是个空数据表。

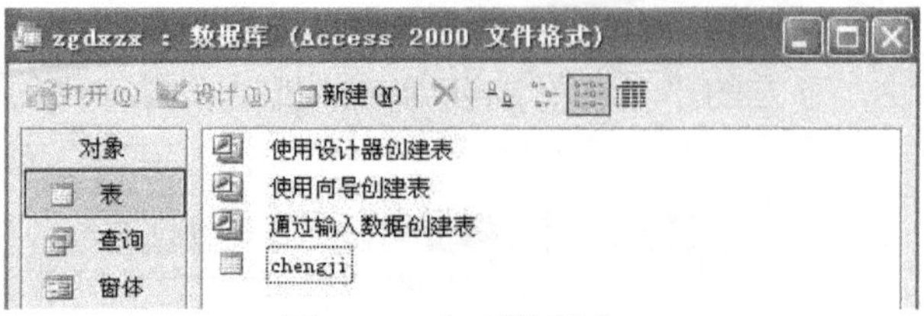

图 2-13　打开数据表

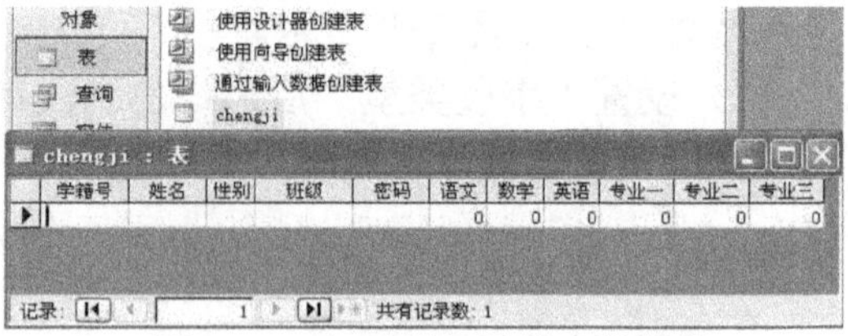

图 2-14　打开无记录的空数据表

（2）添加与编辑记录

至少向数据表中添加 10 条记录，再进行简单的编辑操作。

“学籍号”字段的值是由学生入学年号 4 位数、专业代码 2 位数、班级代码 2 位数和学号 2 位数共 10 位数组成的，如学籍号 2012020301 表示 2012 年入学、专业代码是 02、班级代码是 03、学号为 01。

“密码”字段是查询成绩时要用到的，初始值为学籍号。

“期别”字段的值是以下几个固定值之一，即第一学期、第二学期、第三学期、第四学期、第五学期、第六学期、毕业、中考、高考。

“性别”字段的值为男或女。

（3）删除数据表中的记录

删除数据表中的指定记录，最后保证数据表中至少还有 10 条记录，以供设计动态网站时测试使用。

4. 建立好本站要用到的其他数据表

根据网站功能，还需要一些数据表来保存网站信息。用同样的方法建立动态网站要用到的其他数据表，至少录入 2～10 条记录。它们的表结构如下。

（1）文章表 article 的表结构，见表 2-2

表 2-2　article 数据表的表结构

字段名	序号	标题	作者	单位	栏目	日期	内容
类型	自动编号	文本	文本	文本	文本	日期/时间	备注
大小	长整递增	50	10	40	10	默认 date（）	
主键否	主键						

文章表保存的内容，在网站前台中占了很大部分，分四个栏目来显示。而数据表只用了一个。网站的四个栏目的内容在数据表中就是依据“栏目”字段来划分的。因此，“栏目”字段的值就为四个栏目之一，即学校概况、学校新闻、招生就业、校园生活。

（2）公告表 gonggao 的表结构，见表 2-3

表 2-3　gonggao 数据表的表结构

字段名	序号	标题	内容	部门	日期
类型	自动编号	文本	文本	文本	日期/时间
大小	长整递增	20	255	10	默认 now（）
主键否	主键				

（3）本站评价表 bzpj 的表结构，见表 2-4

表 2-4 bzpj 数据表的表结构

字段名	序号	标题	姓名	性别	QQ	邮箱	日期	内容
类型	自动编号	文本	文本	文本	文本	文本	日期/时间	备注
大小	长整递增	50	10	4	20	30	默认 now（）	
主键否	主键							

（4）留言簿表 lyb 的表结构，见表 2-5

表 2-5 lyb 数据表的表结构

字段名	编号	姓名	主题	性别	邮箱	QQ	日期	内容
类型	自动编号	文本	文本	文本	文本	文本	日期/时间	备注
大小	长整递增	10	20	4	30	10	默认 now（）	
主键否	主键							

可将 bzpj 与 lyb 两个数据表合成一个数据表，加一个“类别”字段（值为评价、留言）区分原来两个数据表中的内容。当然，后面网页绑定记录集时也要作相应变化。

（5）用户信息表 users 的表结构，见表 2-6

表 2-6 users 数据表的表结构

字段名	编号	账号	姓名	密码	审核	日期	类型
类型	自动编号	文本	文本	文本	文本	日期/时间	文本
大小	长整递增	20	10	20	10	默认 now（）	10
主键否	主键				默认值“未通过”		默认值“普通用户”

“审核”字段的值为以下两个值之一，即未通过和通过。默认值为“未通过”的意思是网站访问者注册后，还需要管理员审核“通过”，“未通过”的访问者是不能登录的。

“类型”字段的值为以下两个值之一，即普通用户和管理员。默认值为“普通用户”的意思是网站的访问者通过了管理员的审核，也是普通用户，不会对网站的安全构成威胁。如果不小心把一般访问者的“类型”改成了“管理员”，那么就很危险了。因此，“类型”字段对网站的安全来说非常重要，审核时务必要小心。

任务评价

本任务是为动态网站创建数据库表，添加的记录主要是为了测试网页。在建立数据表结构时，注意各个数据表中的默认值，这与设计网页有很大关系。

内 容	分 值	自 评	师 评
创建 zgdxzx.mdb 数据库	20		
创建 chengji 数据表	20		
创建 article 数据表	12		
创建 gonggao 数据表	12		
创建 bzpj 数据表	12		
创建 lyb 数据表	12		
创建 users 数据表	12		
合 计	100		

必备知识

1）掌握创建数据库的方法和具体操作步骤，一定要清楚所建立的数据库文件保存的文件夹，事先确定数据库的文件名。

2）会按实际需要创建数据表，确定好表结构，包括字段名（最好用英文字母取名）、类型、大小和主键等。

3）熟悉对数据表的基本操作，包括浏览数据表、添加与编辑记录、删除记录等。

触类旁通

1）在适当的文件夹中创建数据库 study.mdb。

2）在数据库 study.mdb 中创建学生基本情况表 jbqk 并录入至少 10 条记录。

实习 1　创建数据库和数据表

实习目标：熟练地创建数据库和数据表，熟练地对数据表进行编辑操作。

实习课时：4。

实习过程：

1）启动 Access。

2）创建数据库 E:\2101\ASP\data\zgdxzx.mdb。

① 新建文章表 article。

② 新建本站评价表 bzpj。

③ 新建公告表 gonggao。

④ 新建留言簿表 lyb。

⑤ 新建用户信息表 users。

⑥ 新建学生成绩表 chengji。

3）数据表的操作。

① 添加数据记录，至少 2～10 条记录。

② 编辑修改记录。

③ 删除数据记录。

④ 浏览数据记录。

学习评价：

____

____

学习反思：

____

____

任务 2　SQL 运行环境与 select 语句

学习目标：了解 SQL 语言的概念；掌握 SQL 语句的运行环境；掌握 SQL 语言中的 select

语句及其运用。

学习重点：SQL 语言中的 select 语句及其运用。

学习难点：用 select 语句进行多表查询。

学习方法：理解掌握相关操作。

学习课时：2。

任务情境

在浏览网站时根本就没有打开数据表，网站是怎样操作数据表的呢？对数据表的操作有没有不打开数据表就能实现的方法呢？有，这就是数据表的另一种操作方式，即 SQL。

任务分析

对数据表的操作当然可以不打开数据表。Access 提供了 SQL 环境。网站中对数据的操作也是用的 SQL。因此，用 SQL 操作数据表的知识对制作动态网站十分有用。

任务实施

1. SQL 语言简介

1）SQL 是结构化查询语言的英文缩写，它的主要功能是与各种数据库建立联系，进行沟通。它也是关系型数据库管理系统的标准语言。

2）常用的 SQL 命令有 select、insert、update、delete、create 和 drop 等。

2. SQL 的运行环境

查询是生成 SQL 语句并执行 SQL 语句的过程。打开 SQL 运行环境的步骤如下。

1）启动 Access，打开 E:\2101\ASP\data\zgdxzx.mdb 数据库。

2）单击选择“查询”选项。

3）双击“在设计视图中创建查询”选项，单击打开的对话框中的“关闭”按钮关闭此对话框。

4）单击“SQL”按钮右边的下三角形按钮，在出现的下拉菜单中选择“SQL 视图”，这时就打开了 SQL 编写运行环境窗口。

5）编写并保存查询代码。

3. SQL 中的 select 语句

select 语句是 SQL 中常用的语句，它带有许多关键字，其中常用的有 select、from 和 where 三个。

select 的常用语法格式如下：

select 列名　from 表名 where 条件　order by 排序条件

例如，select　*　from chengji。

4. 选择数据表中的数据列（无条件的查询）

例 1，选择 chengji 表中的所有数据。

SQL 语句：select　*　from chengji

说明：*表示查询全部列。
例 2，查询 chengji 表中的学籍号、姓名和语文字段。
SQL 语句：select 学籍号，姓名，语文 from chengji

5. 改变列标题（无条件的查询）

语法格式为：select 列名 as 新标题 from 表名
例 3，查询 chengji 表中的字段学籍号并显示为学号，查询字段姓名并显示为学生姓名。
SQL 语句：select 学籍号 as 学号，姓名 as 学生姓名 from chengji

6. 使用 where 子句设置查询条件

（1）常用的条件类型
1）比较运算：=，<，>，<=，>=，<>。
2）is[not] null：测试空值。
3）between…and…：判断列的值是否在指定的区间。
4）like：字符串包含关系匹配。
5）逻辑运算：and（与）、or（或）和 not（非）。
（2）条件子句举例
例 4，在 chengji 中查询语文大于 60 分的数据。
SQL 语句：select * from chengji where 语文>60
例 5，查询在 chengji 中班级非空的记录。
SQL 语句：select * from chengji where 班级 is not null
例 6，查询 chengji 表中数学成绩在 60～80 的记录。
SQL 语句：select * from chengji where 数学 between 60 and 80
例 7，查询 chengji 表姓名字段中姓“李”的所有记录。
SQL 语句：select * from chengji where 姓名 like“李*”
例 8，查询 chengji 表姓名字段中姓“李”，名字最后一个字是“平”的数据。
SQL 语句：select * from chengji where 姓名 like“李*”and 姓名 like“*平”
或 SQL 语句：select * from chengji where 姓名 like“李*平”

7. 数据排序

排序就是使用 order by 子句排列查询结果的顺序。order by 的语法格式如下：
select 列名 from 表名 order by 列名 asc[desc],……
例 9，将 chengji 表中的记录按语文成绩降序排列。
SQL 语句：select * from chengji order by 语文 desc

8. 多表连接查询

用 where 条件子句还可以进行多表连接查询。
例 10，查询成绩表和 chengji 表中的学号与学籍号相同的记录。
SQL 语句：select chengji.姓名，chengji.班级，成绩.语文，成绩.数学
from chengji，成绩
where chengji.学籍号=成绩.学号

任务评价

本任务就是要熟悉 SQL 运行环境，理解掌握 select 语句，能进行简单的查询。

内　容	分　值	自　评	师　评
熟悉 SQL 运行环境	20		
select 语法格式	20		
select 无条件查询	20		
select 条件查询	20		
select 查询排序	20		
合　计	100		

知 识 点

1）打开、熟悉 SQL 运行环境。

2）理解掌握 select 语句的语法格式。

3）能设计简单的查询，并会保存。

4）理解各子句的含义和用法。

触类旁通

1）理解 select 语法格式。

2）打开 student.mdb，在 SQL 运行环境中，编辑、运行、保存简单的查询。

3）将本节中所讲的例子认真理解，并自编相应的语句验证。

实习 2　使用 SQL 与 select 语句

实习目标：掌握打开 SQL 运行环境的方法，理解 select 语法，会利用 select 语句创建各种查询。

实习课时：2。

实习过程：

1）创建数据库和数据表。

2）打开 SQL 运行环境。

3）选择数据表中的数据列查询。

4）改变列标题查询。

5）使用 where 子句查询。

6）将记录进行排序查询。

7）多表连接查询。

学习评价：

____

____

学习反思：

____

____

任务 3　在 SQL 中插入、更新和删除记录

学习目标： 掌握 SQL 语言的基本语法格式，学会 insert、update、delete 语句的使用方法，能灵活地用 SQL 语句创建适合的查询。

学习重点： 用 SQL 语句修改数据表。

学习难点： 修改数据。

学习方法： 理解掌握相关操作。

学习课时： 1。

任务情境

对数据表的操作只是查看吗？能否用 SQL 语句对数据表中的数据进行添加、修改和删除呢？

在动态网站中，经常要用到的操作是对数据表中的数据进行添加、修改和删除。因此，还要学习另外 3 条重要的 SQL 语句。

任务分析

对数据表进行查询用的是 SQL 中的 select 语句。若要进行其他操作，就不能再用它了。添加记录可用 insert 语句，修改记录可用 update 语句，删除记录可用 delete 语句。

任务实施

1．插入数据

（1）插入数据

数据表在创建之后只是一个空表，因此，向数据表中插入数据是首先需要执行的操作。对于 Access 数据库，可以在 Windows 图形界面下逐条输入数据，也可以用 insert 语句输入数据。

insert 语句的简单语法格式如下：

insert　into 表名（列名）　values　（表达式）

注意

在 values 子句中，列出与列名对应的数据，列名的顺序和数据的顺序应该完全对应。

（2）举例

例 11，在 chengji 表中插入一条记录。

SQL 语句：insert　into chengji（学籍号,姓名,语文）　values（'2101', '李云', 85）

2．修改数据

可以使用 update 语句修改数据表中已经存在的数据。update 语句一般一次修改一行

数据，也可以一次修改许多行，甚至可以一次修改数据表中的全部数据行。update 语句的基本语法格式如下：

update 表名 set 列名 1=表达式 1，列名 2=表达式 2，……where 修改条件

在使用 update 语句时，如果没有使用 where 子句，那么就对表中所有的行进行修改。

例 12，把 chengji 中班级字段中的计秘班改为计升班。

SQL 语句：update chengji set 班级='计升班' where 班级='计秘班'

3．删除数据

使用 delete 语句可以删除数据表中不需要的数据，它一次可以删除一行或多行数据。基本语法格式如下：

delete from 表名 where 删除条件

注意

如果没有 where 子句，那么就将数据表中的所有记录全部删除。

例 13，删除 chengji 表中的全部记录。

SQL 语句：delete from chengji

例 14，删除 chengji 表中姓名为“杨心如”的记录。

SQL 语句：delete from chengji where 姓名='杨心如'

任务评价

这个任务只有三个操作，即添加记录、修改记录和删除记录。

内　容	分　值	自　评	师　评
添加记录 insert	40		
修改记录 update	40		
删除记录 delete	20		
合　计	100		

知 识 点

1）牢记增加、修改、删除数据表中记录的语句的语法格式。

2）会按要求选择合适的语句。

触类旁通

在 study.mdb 中建立一个数据表，用两种方法输入数据，然后用两种方法修改和删除部分数据。

实习 3　插入、更新和删除记录

实习目标：掌握 insert、update 和 delete 的语法格式和使用方法。

实习课时：2。

实习过程：

1）进入 SQL 运行环境。

2）添加记录语句 insert 的使用。

3）修改记录语句 update 的使用。

4）删除记录语句 delete 的使用。

5）灵活使用学过的 SQL 语句。

学习评价：

____

____

学习反思：

____

____

项目小结

本项目的学习是为设计制作动态网站作准备的。动态网站的动态内容就是保存在与网站紧密相连的 Access 数据库中的。对 Access 数据库的基本操作主要有在正确的文件夹中创建正确的数据库和数据表；学习用 SQL 语句 select 查询数据；学习用 SQL 语句 insert、update 和 delete 对数据表记录进行添加、修改和删除。理解掌握对数据操作的 SQL 语句，有利于以后制作动态网页时理解有关服务器行为。

实战强化

在文件夹 F:\2201\db 中创建数据库 study.mdb，在数据库中创建 2 个以上的数据表，为每个数据表添加至少 5 条记录，再用 SQL 语句对数据表中的记录进行操作。

习题

1. 填空题

1）Access 数据库文件的扩展名为（　　　　　　　　）。

2）创建数据库表主要包括创建（　　　　　　　　）和添加表记录两大部分。

3）SQL 是（　　　　　　　　）的英文缩写，它是（　　　　　　　　）型数据库管理系统的标准语言。

4）常用的 SQL 命令有（　　　　　　　　）（　　　　　　　　）、update、delete、create 和 drop 等。

5）使用 update 语句时，若没有使用 where 子句，那么就是对数据表中(　　　　　　　　)进行修改。

2. 判断题

1）因为 Access 是一个简单易学的数据库系统，所以可以满足一般动态网站的需要。（　　）

2）数据表的基本操作有添加、编辑、浏览和删除等。（　　）

3）Access 数据库的表之间不需要建立任何关系。（　　）

4）确定表结构，就是确定字段的名称、类型、大小和数据表的主键等信息。（　　）

5）select 语句的常用关键字为 select、where。（　　）

6）用 select 查询记录时只能在一个数据表中进行。（　　）

7）用 delete 删除记录时，没有 where 子句，就不能删除。（　　）

3. 简答题

1）如何创建 1 个包含 10 条记录的数据表？

2）写出添加记录、修改记录和删除记录这 3 个语句的语法格式。

项目 3　ASP 对数据的基本操作

借助 Dreamweaver CS5 的数据操作功能，网页设计者可以不用手写代码就能实现对数据库的操作。本章以制作职业技术学校的成绩查询系统为例，讲解如何对数据库中的数据表记录进行录入、修改、删除和显示等操作。

注意

本项目任务 2 和任务 3 中所讲到的网站文件与职业技术学校网站中的文件可以不相同。

任务 1　配置 ASP 动态网站运行环境

学习目标： 掌握 ASP 动态网站运行环境的配置，掌握 IIS 的安装与配置，掌握建站的方法，掌握网站与数据库连接代码的书写方法，了解在网页中显示数据表信息的基本过程。

学习重点： 创建动态网站，并与数据库建立连接。

学习难点： 连接数据库。

学习方法： 理解掌握相关知识，按讲解一步一步地操作。

学习课时： 4。

任务情境

学习了在 Dreamweaver 中制作静态网站，也学习了制作动态网站所需的 Access 数据库，现在是不是应该可以制作动态网站了呢？还要对动态网站运行的软件环境进行必要的设置，让它们有机配合才行。

任务分析

是的，制作动态网站的条件已经具备，可以开始动态网站的设计制作了。制作静态网站比较容易，只要在 Dreamweaver 中编辑出来，就可以显示制作的结果。但动态网站的制作要复杂一些，不能像静态网站一样能随意地预览网站效果。动态网站需要一个软件环境的配合才能运行。

在进行动态网站系统开发前，应该先对服务器进行配置，构建好开发环境。ASP 动态网站要求安装以下运行环境：Windows 2000/XP/2003 操作系统；IIS，即 Internet 信息服务系统；Access 数据库系统；网页的可视化开发环境，本书选择 Dreamweaver CS5。

任务实施

1. IIS 的安装与配置

（1）安装 IIS

安装 Windows 操作系统时，在默认状态下是没有安装 IIS 的。这时，可以执行“开始”→“设置”→“控制面板”→“添加/删除程序”命令，插入 Windows 操作系统安装光盘，从安装“Windows 组件”中选择“Internet 信息服务（IIS）”组件，如图 3-1 所示。

单击“详细信息”按钮，进入“Internet 信息服务（IIS）”子组件对话框，选取相关的组件，如图 3-2 所示。

单击“确定”按钮，回到如图 3-1 所示的对话框，单击“下一步”按钮，按照提示完成“Internet 信息服务（IIS）”组件的安装。

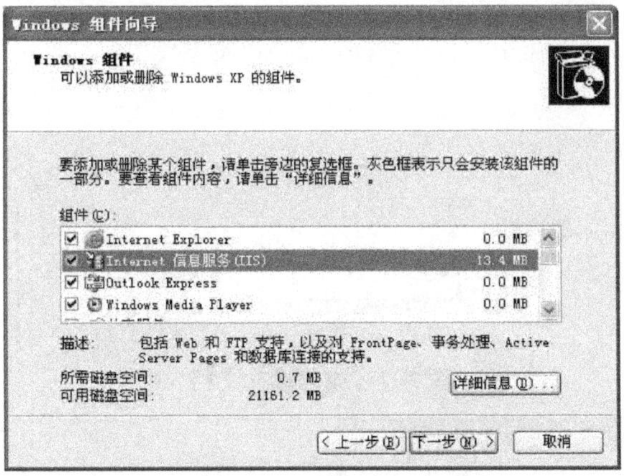

图 3-1　选中 IIS

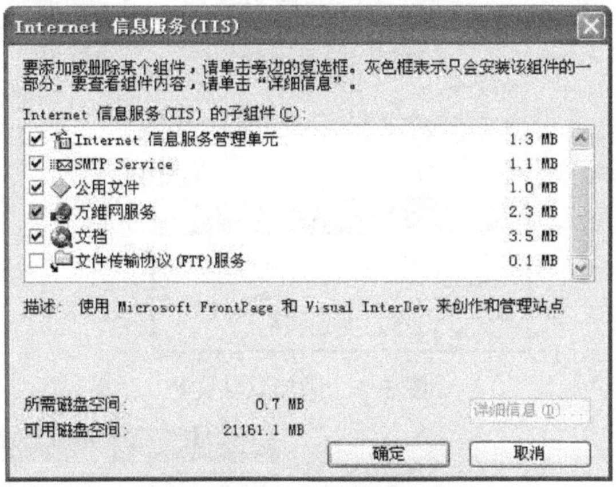

图 3-2　IIS 的子组件

（2）配置 IIS

在本地硬盘中创建站点文件夹 E:\2101\ASP\data。

1）执行“开始”→“控制面板”→“管理工具”→“Internet 信息服务”命令，打开 IIS 管理器展开“本地计算机”和“网站”，找到“默认网站”，如图 3-3 所示。

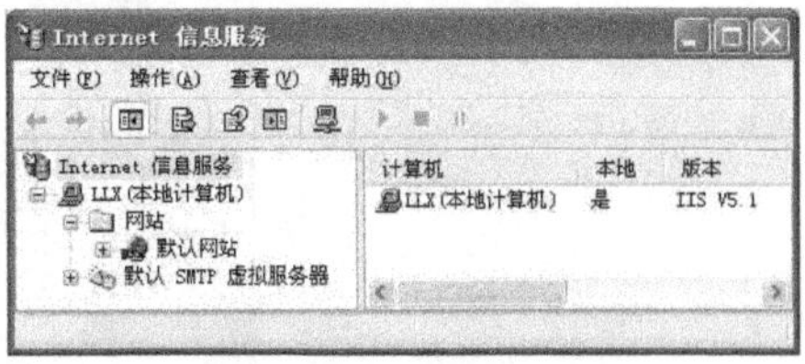

图 3-3　找到默认网站

2）在图 3-3 中的“默认网站”上单击鼠标右键，在弹出的快捷菜单中选择“属性”命令，打开“默认网站属性”对话框，如图 3-4 和图 3-5 所示。

3）设置站点主目录。选择“主目录”选项卡，将该主目录设置为本地硬盘上建立的站点文件夹，这里设为“E:\2101\ASP”，如图 3-5 所示。

4）设定默认文档。选择文档，再单击“添加”按钮，在出现的对话框中输入网站的首页文件名“index.asp”，如图 3-6 所示。单击“确定”按钮后，在“启用默认文档”列表中多了一个 index.asp 文件，如图 3-7 所示。

5）可将 index.asp 上移到第一项，因为访问网页的顺序是从上到下的，如图 3-8 所示。

6）单击对话框下面的“确定”按钮，完成配置。

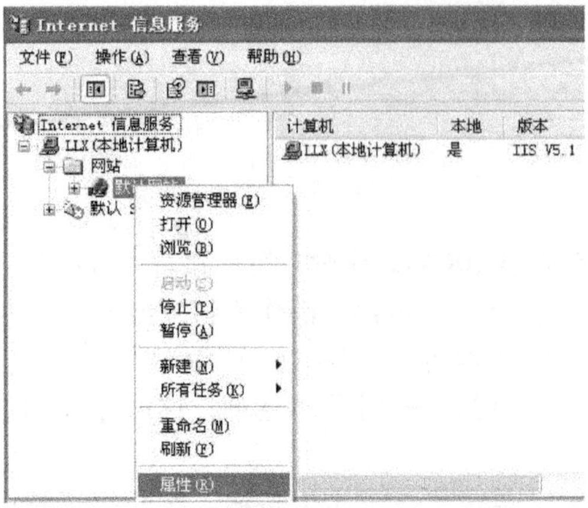

图 3-4　选择“属性”命令

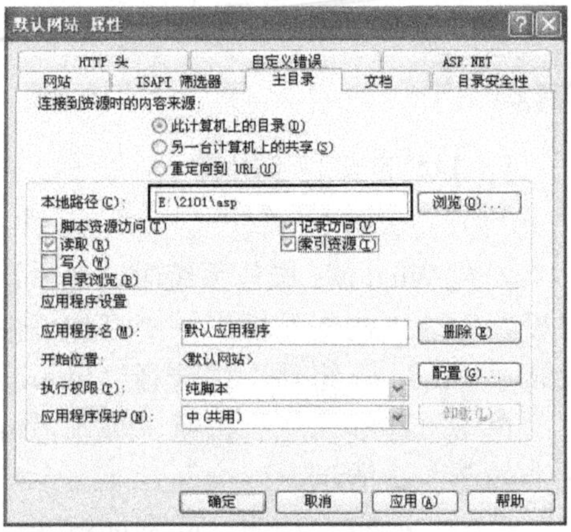

图 3-5　选择“本地路径”

图 3-6　添加默认文档

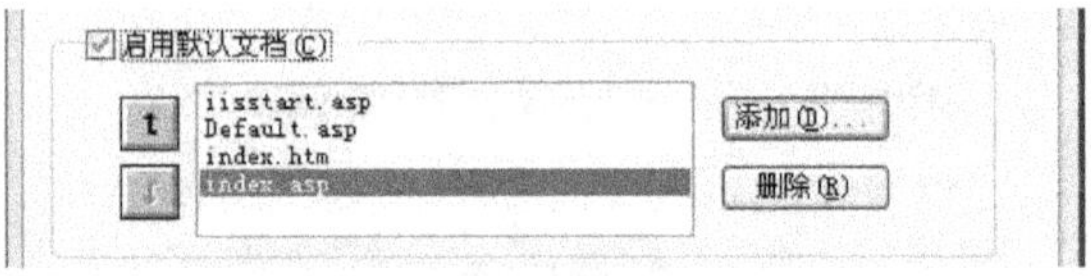

图 3-7　成功添加文档

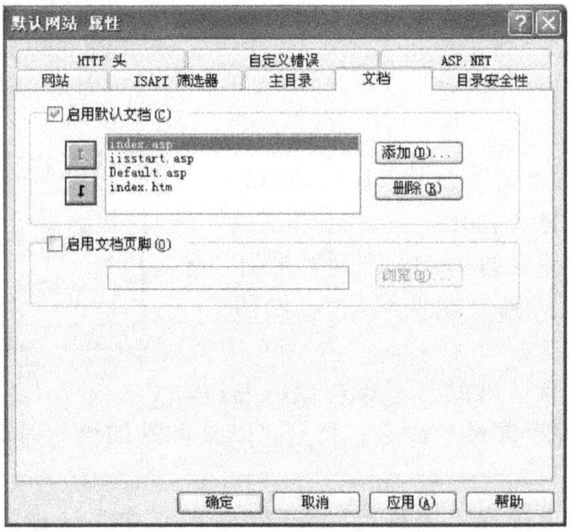

图 3-8　将默认文档调到第一位

2．定义本地动态站点

在 Dreamweaver CS5 中定义本地站点。先将项目 1 中定义的静态站点删除，再将静态站点所在的文件夹定义为动态站点。

1）启动 Dreamweaver CS5，执行“站点”→“新建站点”命令，打开如图 3-9 所示的“站点设置对象”对话框。默认打开“站点”分类。

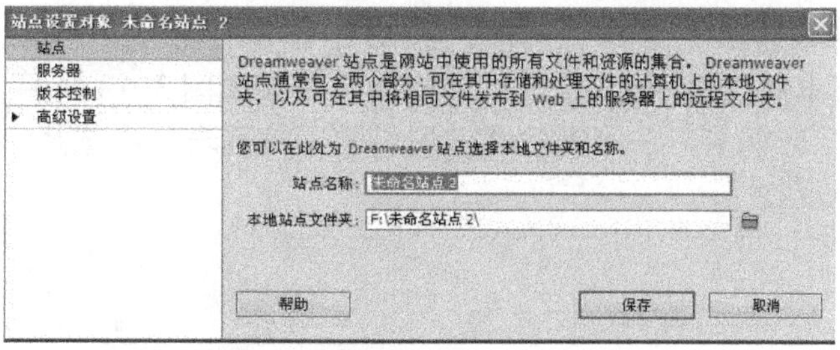

图 3-9 “站点设置对象”对话框

2）在“站点”分类的“站点名称”文本框中输入“职业技术学校”。在“本地站点文件夹”文本框中输入建立动态网站的文件夹路径，这里输入“E:\2101\ASP”，如图 3-10 所示。

3）单击“服务器”分类，出现如图 3-11 所示的对话框。

4）再单击“添加新服务器”按钮 +，出现如图 3-12 所示的服务器“基本”选项卡。

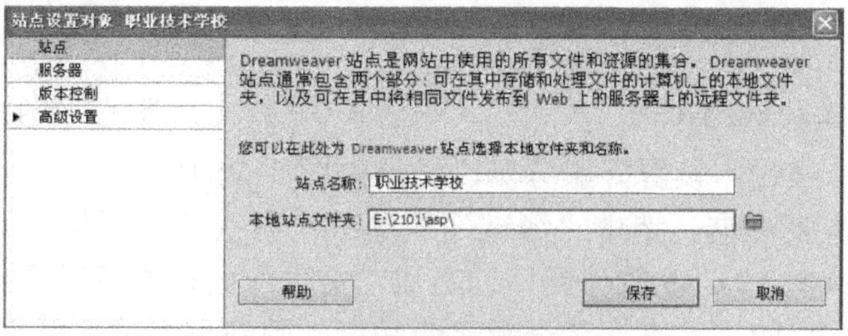

图 3-10　选择本地站点和名称

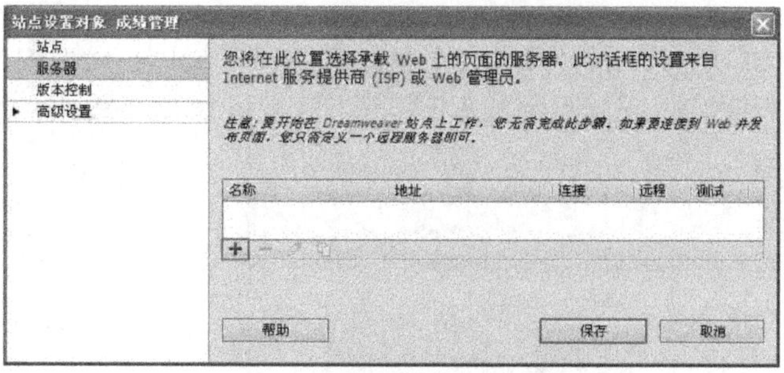

图 3-11 “服务器”分类对话框

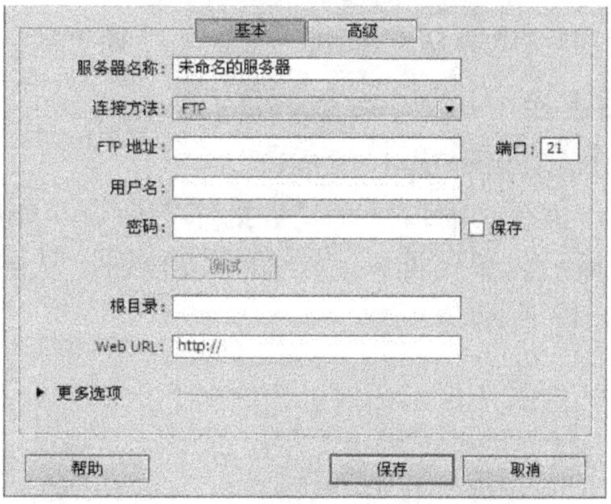

图 3-12　服务器“基本”选项卡

5）在“服务器名称”文本框中为服务器命名，这里取为“职业技术学校”。“连接方法”

选为“本地/网络”。“服务器文件夹”一定要与 IIS 中设置的主目录“E:\2101\ASP”一致。在“Web URL”中输入本地主机网址 http://localhost/，结果如图 3-13 所示。

6）单击“高级”选项卡，在“服务器模型”的下拉列表框中选择“ASP VBScript”，其余默认，如图 3-14 所示。

图 3-13　服务器基本设置

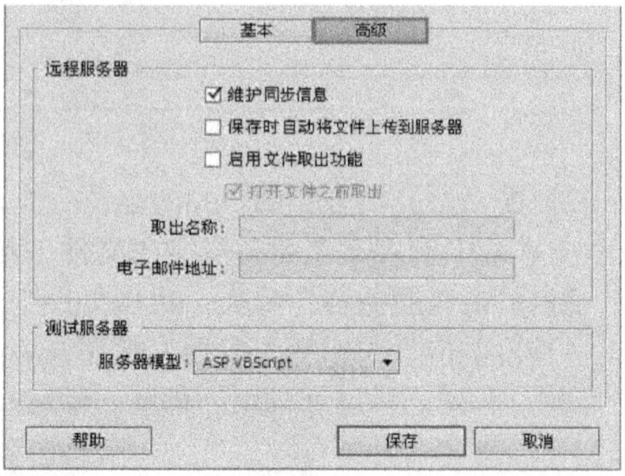

图 3-14　在“高级”选项卡中设置服务器模型

7）单击“保存”按钮，设置好服务器，结果如图 3-15 所示。

8）取消“远程”复选框，选中“测试”复选框，再次单击“保存”按钮，完成站点创建。这时，在 Dreamweaver CS5 软件窗口的右边“文件”面板中可以看到站点的文件夹。如图 3-16 所示是建好站点的文件夹。若是新建的站点，则站点文件夹就是空的。

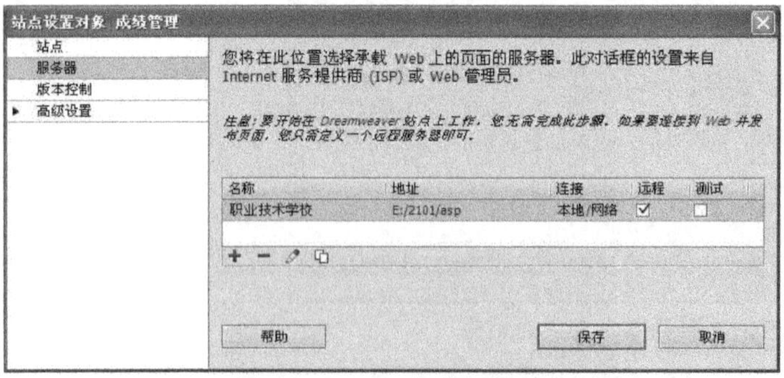

图 3-15　添加好的服务器

图 3-16　定义好站点的“文件”面板

3. 将数据库与站点相连接

建立好数据库“E:\2101\ASP\data\zgdxzx.mdb”。

1）打开任意一个网页，执行“窗口”→“数据库”命令，如图 3-17 所示。

2）打开“数据库”面板后，单击面板上的加号 + 按钮，从弹出的菜单中选择“自定义连接字符串”命令，如图 3-18 所示。

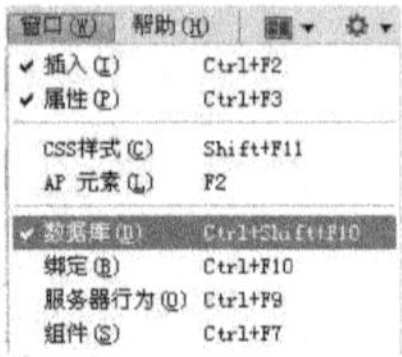

图 3-17　单击数据库

图 3-18　选择自定义连接字符串

3）将连接名称取为“conn”，在“连接字符串”文本框中输入：

“"Provider=Microsoft.jet.oledb.4.0; data source="&Server.Mappath("/data/zgdxzx.mdb")”，如图 3-19 所示。“/data/zgdxzx.mdb”是数据库文件的实际路径。

4）在“Dreamweaver 应连接”中选择“使用测试服务器上的驱动程序”单选按钮，如图 3-19 所示。单击“测试”按钮，出现如图 3-20 所示的提示对话框就说明连接成功。

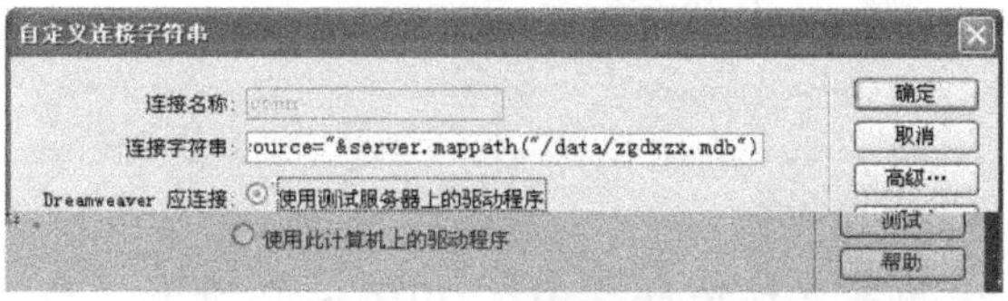

图 3-19　连接字符串

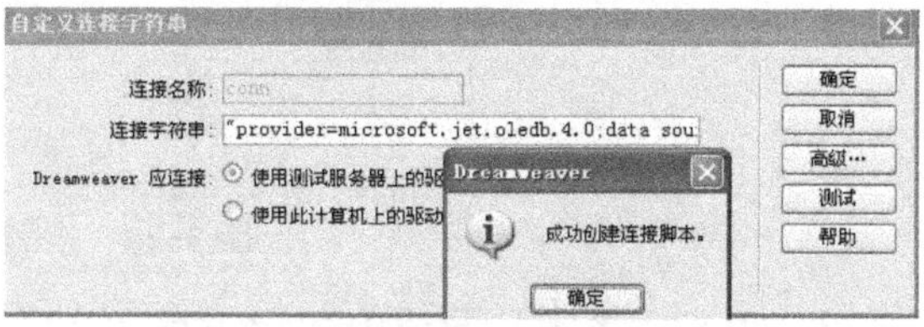

图 3-20　连接成功

5）单击“确定”按钮，数据库“conn”出现在“数据库”面板上，如图 3-21 所示。

6）再查看“文件”面板，发现自动建立了一个名为“Connections”的文件夹，并在此文件夹下自动生成了一个包含连接代码、名为“conn.asp”（与连接名称相同）的网页文件，以后所有的网页文件都会自动使用此文件连接数据库。其实，以后的每个操作都会在当前文件中自动生成相应的代码。

图 3-21　建好连接的“数据库”面板

4. 绑定记录集

1）在“绑定”面板上单击增加按钮 +，在弹出的菜单中单击选择“记录集（查询）”命令，如图 3-22 所示。弹出“记录集”对话框，如图 3-23 所示。

图 3-22　绑定记录集

2）在“记录集”对话框中设置属性。“名称”为“cj”，“连接”为“conn”，“表格”为“chengji”，“列”为“全部”，“筛选”为“无”，“排序”为“班级”+学籍号，即“ORDER BY 班级 ASC，学籍号”（在高级方式下修改），结果如图 3-24 所示。

图 3-23　“记录集”对话框

图 3-24　设置记录集参数

3）单击“确定”按钮，在“应用程序”面板的“绑定”选项卡中出现了已绑定的记录集“cj”，如图 3-25 所示。

图 3-25　绑定了记录集的面板

5．将字段插入到网页中

1）在网页主体中添加 1 个 3 行 3 列的表格，将第 3 行合并为 1 个单元格。在表格中录入一些提示信息。注意，增加成绩与当前记录无关，而修改成绩和删除成绩是对当前记录进行的，因此，这 3 个提示信息要像如图 3-26 所示的布局。如图 3-26 所示是网页的主体部分。

2）将光标定位到要插入字段的位置，如图 3-26 所示。

图 3-26　规划网页的主体部分

3）单击“绑定”面板中“记录集（cj）”左边的[+]按钮展开字段，如图 3-27 所示。

4）单击“学籍号”字段，再单击下面的“插入”按钮，如图 3-28 所示。它就将学籍号字段插入到图 3-26 中光标所在的位置，如图 3-29 所示。

5）同样，将姓名、班级字段插入到相应位置，为字段{cj.姓名}创建超链接，结果如图 3-30 所示。

图 3-27　展开记录集字段

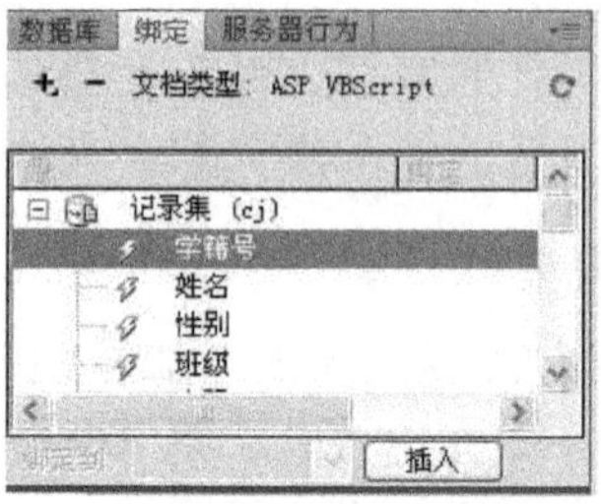

图 3-28　选中插入字段

图 3-29　插入字段后的效果

图 3-30　插入好各字段

6．设置重复区域

如果不设置重复区域，则网页只显示第一条记录的内容。

1）小心地将光标移出第 2 行（记录集字段所在的行）的左侧，当光标改变成向右黑箭头时，单击选中要重复的内容所在的表格行，如图 3-31 所示。注意，这里不能只选中插入的字段或当前行的 3 个单元格。

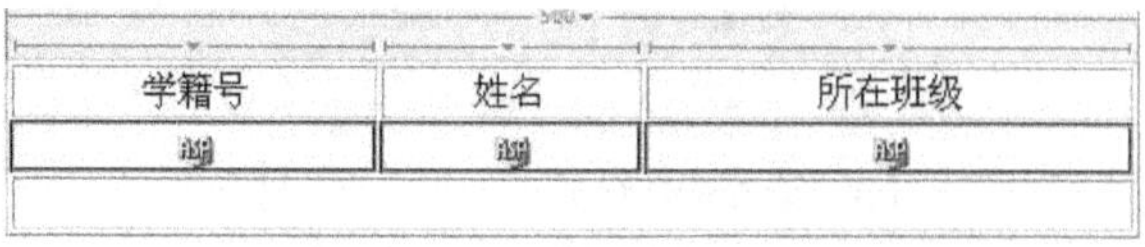

图 3-31　选中要重复的行

2）单击“服务器行为”面板中的 + 按钮，选择“重复区域”命令，如图 3-32 所示。

3）打开“重复区域”设置对话框，从“记录集”的下拉列表中选择记录集“cj”，显示的记录数为“3”，表明在重复区域显示 3 条记录信息，也可以输入其他数字，如图 3-33 所示。

4）单击“确定”按钮，完成后，设置后的表格重复行左上角多了一个“重复”字样。如图 3-34 所示。

5）预览网页，效果如图 3-35 所示。

思考：其他记录如何显示出来呢？

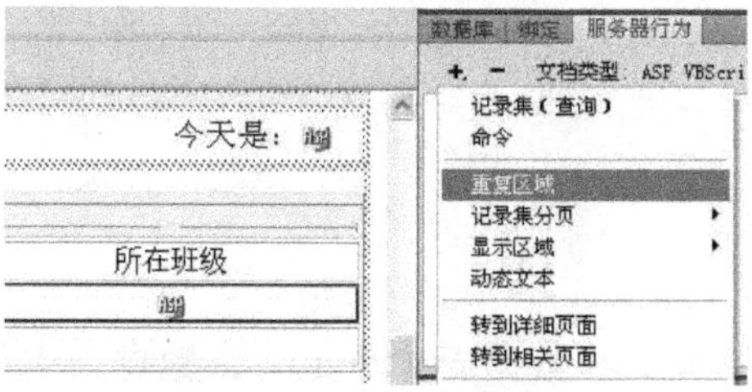

图 3-32　选择重复区域命令

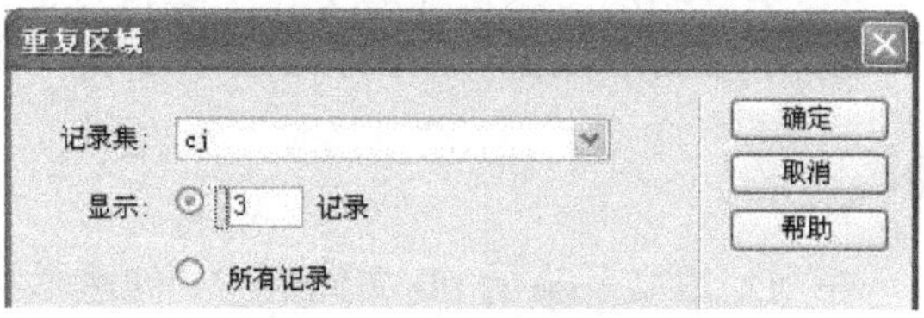

图 3-33　设置重复区域参数

图 3-34　设置了重复区域的行

学籍号	姓名	所在班级
2006010101	杨心如	高2006级计升班
2006010102	付红红	高2006级计升班
2006010103	杨　思	高2006级计升班

图 3-35　设置完成重复区域的预览效果

任务评价

本任务的操作要求是掌握 IIS 的安装与配置，掌握创建动态网站的方法，掌握网站与数据库连接代码的书写方法，了解在网页中查询成绩的基本过程。

内　　容	分　　值	自　　评	师　　评
IIS 的安装与配置	30		
创建动态网站	30		
网站与数据库连接代码	30		
在网页中查询成绩的过程	10		
合　　计	100		

必备知识

1）掌握 IIS 的安装和配置方法。

因为 ASP 动态网页中包含的服务器端脚本需要通过 Web 服务器上的 ASP 引擎来解释执行，所以创建 ASP 动态网站之前要在计算机上配置 ASP 运行环境。在 Windows 操作系统平台上配置

ASP 运行环境，就是安装 Windows 没有默认安装的 IIS 组件并进行相关设置。

IIS 有多个版本，它与 Windows 的版本相关。在 Windows XP 上使用的是 IIS 5.1，在 Windows 2003 上使用的是 IIS 6.0。不管是哪个版本的 IIS，在安装时，只要与本地计算机的 Windows 操作系统版本相符就能正常安装。

在 Windows XP 中配置 IIS 时，只要配置好“主目录”和“文档”就可以了。主目录一定要和动态网站的根目录一致。文档中没有 index.asp，所以要添加，并把它上移到第一位。因为如果在这里有多个默认文档，Web 服务器会按自上而下的顺序搜索。

2）掌握定义本地动态网站的方法。

3）掌握站点与数据库的字符串连接方法。

4）了解将字段插入到网页的基本操作方法。

触类旁通

在网站根文件夹的 db 文件夹中，创建数据库 study.mdb 和数据表 chengji，将数据表中的数据插入到本地网站的网页中。

实习 1　创建简单的动态网页

实习目标：学会配置 IIS，掌握创建动态站点的基本方法及过程。

实习课时：2。

实习过程：

1）创建站点文件夹 E:\2101\ASP\data。

2）创建网站所需的 Access 数据库 E:\2101\ASP\data\zgdxzx.mdb 和数据表 chengji。

3）配置 IIS。主目录为 E:\2101\ASP，添加文档 index.asp。

4）定义本地动态站点。站点名为成绩查询，根文件夹为 E:\2101\ASP。

5）打开一个网页，建立网站与数据库的连接，取名为 conn。

6）将网页与相应数据表绑定。

7）把字段插入到网页的规划表格中。

8）设置重复区域。

9）预览调试。

学习评价：

____

____

学习反思：

____

____

任务 2　设计成绩显示页面

学习目标：掌握动态站点的前台主页面设计方法；学会字段绑定方法，学会动态超链接和目标网页的设计方法。

学习重点：规划页面，一、二级页面的链接。

学习难点：动态超链接（转到详细页面）及其目标页的设计。

学习方法：理解掌握相关操作。

学习课时：2。

任务情境

在网站中查看成绩时，可能会经过这样的几个步骤，即单击“成绩查询”链接进入第二个页面；在第二个页面中找到自己的姓名后单击，然后在第三个页面中找到自己的成绩。现在能设计这样的网页吗？

任务分析

确定好所需要的网页及其链接关系。

为了便于理解有关操作，将显示成绩的三个网页及其链接关系设定为：首页 index.asp→成绩查询提示页 cjcx.asp→成绩显示页 view.asp。

任务实施

1. 设计首页 index.asp

现在就非常简单地编辑一下 index.asp。规划好这个网页后，这里只再做如下两个操作：在右上角输入“成绩查询”，并将它链接到成绩查询提示页 cjcx.asp；加入显示系统当前日期和时间的代码“<%=now（）%>”。

2. 设计成绩查询提示页 cjcx.asp

对于成绩查询提示页 cjcx.asp，按照静态网页的规划方法规划页面，留出动态内容显示用的单元格就可以。

说明：为了简化，在本项目以后的设计规划中只讲解动态单元格中的部分，或者整个网页就只有动态内容。当掌握了动态内容后，再与静态内容合起来才是完整的动态网页。

动态网页=静态网页+动态内容。

成绩查询提示页 cjcx.asp 动态部分的预览效果如图 3-36 所示。

职业技术学校学生成绩查询

学籍号	姓名	所在班级
2012010101	杨心如	高2012级计升班
2012010102	付红红	高2012级计升班
2012010103	杨　思	高2012级计升班

图 3-36　成绩查询提示

（1）设计分析

这是一个动态网页，是用表格规划的，输入了一些提示信息，它绑定了一个记录集，插入了记录集中的三个字段，设置了重复区域。

另外，带蓝色下画线的名字应该是超链接，但它是如何定义的呢？其实它就是“转到详细页面”超链接。“转到详细页面”超链接，与前面学过的超链接不同，利用它可以把参数带到超链接中，完成在目标网页中打开指定内容的功能。这种链接涉及两个页面，在以后会经常用到，务必掌握它。

这里把添加了“转到详细页面”超链接的页面叫做一级页面，把“转到详细页面”超链接中的目标页面叫做二级页面。

（2）设计过程

成绩查询提示页 cjcx.asp 的动态部分的设计可按如下步骤进行。

1）在第 1 行中输入网页的主题，如“职业技术学校学生成绩查询”。

2）在第 2 行中插入 1 个 3 行 3 列的表格，并将表格的第 3 行合并为 1 个单元格。在表格的第 1 行中输入有关提示信息，如“学籍号”“姓名”和“所在班级”等。

最简单的规划如图 3-37 所示。

学籍号	姓名	所在班级

图 3-37　用表格规划动态区域

3）数据库与网站的连接。在前面已经讲解，要理解并牢记连接代码。这也是本书的另一难点。

4）将数据表 chengji 绑定到网页。具体过程参看图 3-22～图 3-25，记录集名为 cj。

5）将字段插入到相应单元格。参看图 3-26～图 3-30。也可以选中记录集中的字段后，将字段直接拖到表格的指定单元格中，从而完成字段插入操作。

6）为“姓名”创建动态超链接，即“转到详细页面”超链接。

链接的目标页中的操作是对当前记录进行的，就要用“转到详细页面”这种带参数的超链接；若操作与当前记录无关，则用一般超链接。

① 选中要创建动态超链接的字段，如{cj.姓名}，如图 3-38 所示。本页面就是一级页面。

学籍号	姓名	所在班级
{cj.学籍号}	{cj.姓名}	{cj.班级}

图 3-38　选中要创建动态超链接的字段

② 在“服务器行为”面板中，单击加号 + 按钮，在展开的菜单中，选择“转到详细页面”命令，如图 3-39 所示。

图 3-39　“转到详细页面”命令

③ 弹出“转到详细页面”对话框，如图 3-40 所示。其中，“链接”的文本不能改动；“详细信息页”的文本区域是空白的；可以单击“浏览”按钮来选择链接文件，这里选择成绩显示页“view.asp”（这个页面就是二级页面）；“传递 URL 参数”是自己取的，这里取为“xjh”；记录集

选择“cj”；“列”选择“学籍号”，即 URL 参数 xjh=cj.学籍号。这里，一定要注意使用了参数 xjh。“转到详细页面”对话框的设置结果如图 3-41 所示。设置完成后的页面结果如图 3-42 所示。

7）为第 2 行设置重复区域。参照图 3-31～图 3-34 操作后，结果如图 3-43 所示。完成操作后预览效果，如图 3-36 所示。

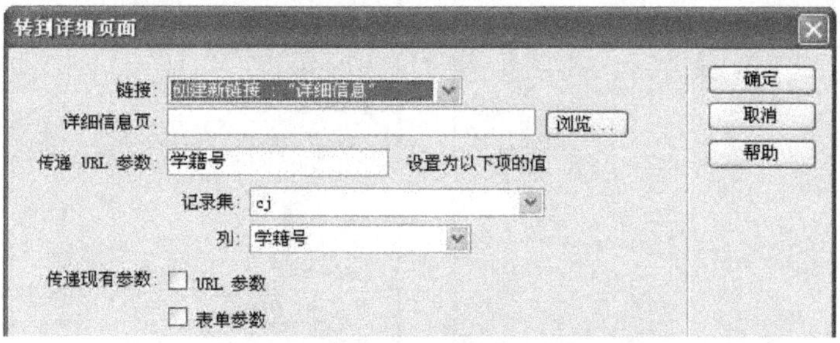

图 3-40　“转到详细页面”对话框

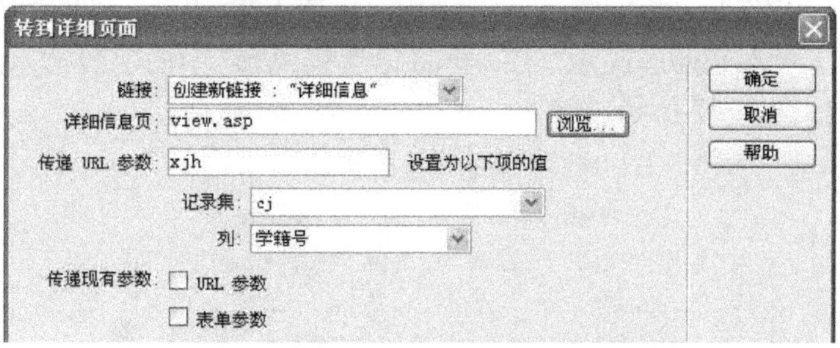

图 3-41　“转到详细页面”对话框设置结果

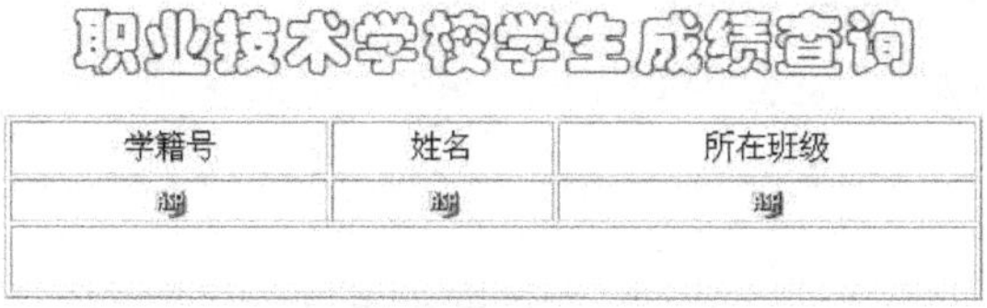

图 3-42　添加“转到详细页面”后的页面

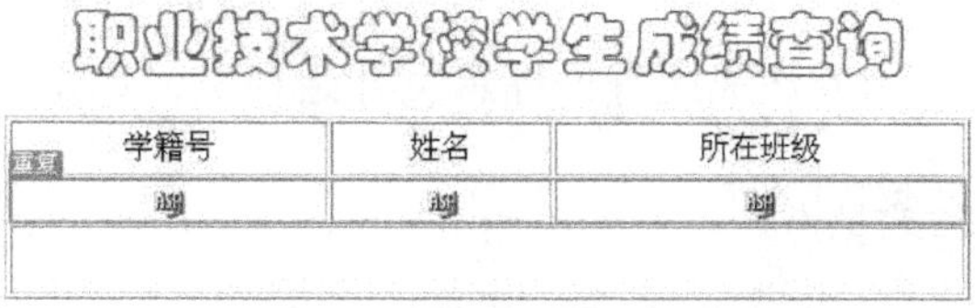

图 3-43　设置重复区域后的页面

3．设计成绩显示页 view.asp

预览 cjcx.asp 时，单击姓名中的“杨心如”，二级页面成绩显示页“view.asp”的结果，如图 3-44 所示。

想一想，这个页面又是如何设计出来的？是如何做到单击“杨心如”就显示“杨心如”的成绩的呢？

（1）设计分析

这个网页就是根据 cjcx.asp 中“转到详细页面”的参数来设计的。从图 3-44 中，可以看出，本网页是绑定了记录集的，并且这个记录集应该只有一条记录。这条记录就是利用“学籍”字段的值等于学籍号参数“xjh”得到的！

图 3-44　成绩查询结果

（2）设计过程

1）打开二级页面成绩显示页“view.asp”，将标题改为查看学生成绩。打开“绑定”面板，

单击加号 + 按钮，在弹出的菜单中选择“记录集（查询）”命令，出现如图 3-45 所示的窗口。将记录集名称取为“vrc”，选择“chengji”表，用一级页面传递来的参数筛选指定的一条记录。

2）各项参数设置如图 3-46 所示，即“筛选”为“学籍号”“=”“URL 参数”“xjh”。

图 3-45　绑定记录集

图 3-46　用上一页传来的参数绑定记录集

3）规划好页面，录入必要的提示文字。再将记录集“vrc”中的字段插入到网页“view.asp”的对应位置，结果如图 3-47 所示。

图 3-47　插入相应的字段

4）从成绩查询提示页开始预览，单击“杨心如”，就会得到如图 3-44 所示的结果。

任务评价

分页查询成绩功能的这三个网页的设计制作，不要求十分完整，主要是要学会这种方法。在操作时，只要把三个网页的主体部分设计出来就可以。最重要的是要把一、二级页面间的关系理解清楚，特别是要弄清在其中传递的参数是如何用的。

内　容	分　值	自　评	师　评
首页 index.asp 的设计制作	10		
查询提示页 cjcx.asp 的设计制作	30		
转到详细页面的设置	20		
利用 URL 参数绑定记录集	20		
成绩显示页 view.asp 的设计制作	20		
合　计	100		

必备知识

本任务中最重要的知识就是“转到详细页面”超链接。

利用“转到详细页面”可以建立超链接，更重要的是把两个网页用 URL 参数联系起来。在操作时，首先在一级页面中设置好如图 3-41 所示的对话框中的 URL 参数，其次在二级页面中立即用这个 URL 参数设置如图 3-46 所示的筛选条件，绑定记录集。

何时要用“转到详细页面”这种超链接呢？当二级页面的操作是对当前的一条记录进行操作时，就应该用“转到详细页面”超链接。如果链接的目标网页的操作与当前记录无关，则用一般超链接。

知识点

要将数据表中的内容分两级页面显示出来，操作步骤如下。

1）规划好网页间的链接关系。如 index.asp→cjcx.asp→view.asp。

2）在一级页面中，绑定记录集时不加参数，可排序。

3）规划好一级网页，将记录集中的部分提示性字段插入到网页的指定位置。

4）选中某个字段，为它添加“转到详细页面”超链接，设置好参数。

5）打开二级页面，用一级页面传递来的参数筛选绑定记录集。

6）规划好二级页面，将筛选到的记录的所有字段插入到二级页面。

7）从一级页面开始预览，单击链接转到相应的二级页面。

注意

包含参数的二级页面不能直接预览，如这里的“view.asp”，只能从它的上级页面开始显示，单击链接转到相应的二级页面。

触类旁通

使用数据库 study.mdb，设计一些有一、二级关系的页面，巩固本节所学的知识。

实习 2　一、二级页面的链接

实习目标：掌握“转到详细页面”的设置技巧，记住所用参数；利用相关参数设计目标网页并完成数据表的绑定。

实习课时：2。

实习过程：

1）简单编辑网站首页，只要它能链接到成绩查询页“cjcx.asp”就可以。

2）规划设计一级网页“cjcx.asp”。绑定数据表“chengji”到记录集“cj”时，一般不用筛选条件，将所有记录全部添加进来，可以排序。

3）插入相应的提示字段，主要包括“学籍号”“姓名”和“班级”。

4）选中“{cj.姓名}”字段，将它转到详细页面“view.asp”。这里应设好参数 xjh=cj.学籍号。

5）打开详细页面“view.asp”（二级页面），以一级页面传递来的参数筛选绑定想要的数据表记录集“vrc”，“筛选”参数的形式可能是“chengji.学籍号”“=”“URL 参数”“xjh”。此时的记录集中应该只含有一条记录。

6）将需要的字段插入到规划的网页表格中。

7）保存，预览调试一、二级页面。

注意

在编辑网页时，不要随意粘贴有代码的文字等信息。

学习评价：

____

____

学习反思：

____

____

任务3　记录的重复显示与分页

学习目标：掌握记录信息显示的方法，能按要求显示所有记录；掌握记录集状态条的添加方法，能按要求分页显示所有信息。

学习重点：记录的重复显示与分页显示。

学习难点：重复区域的正确选择。

学习方法：理解掌握相关操作。

学习课时：2。

任务情境

在数据表中的记录应该是比较多的，前面已经讲过显示记录集中的记录信息的方法。但是，如果想将记录集中的较多记录一次性全部显示出来，那么，有时就不易控制网页的高度，使网页在网站中很不协调。因此，就要想其他方法，既要网页美观，又能很容易地显示完记录集中的所有记录。

任务分析

根据任务情境，在网页中除了要显示记录集信息外，还要增加两个重要内容，即重复区域和分页显示。

任务实施

1．重复区域设计

重复区域设计的方法在本项目任务2中已经讲过，这里不再赘述。

2．插入记录集导航条和状态条

在记录集中，一般不会只有几条记录。如果记录比较多，又想全部都显示出来，那么如何显示在页面上呢，是一次性全部显示出来呢，还是考虑其他形式显示？

这里主要介绍分页显示。

如何设计预览效果如图 3-48 所示的成绩查询页？

图 3-48　分面显示效果

（1）设计分析

可以利用记录集导航条和导航状态两个功能实现记录集分布显示。

（2）设计过程

1）将光标定位在重复区域下方的单元格，执行“插入”→“数据对象”→“记录集分页”→“记录集导航条”命令，如图 3-49 所示。

2）出现如图 3-50 所示的对话框。在“记录集”下拉列表框中选择“cj”，“显示方式”选择“文本”。

3）单击“确定”按钮返回到网页。光标定位在下一行，执行“插入”→“数据对象”→“显示记录计数”→“记录集导航状态”命令，如图 3-51 所示。

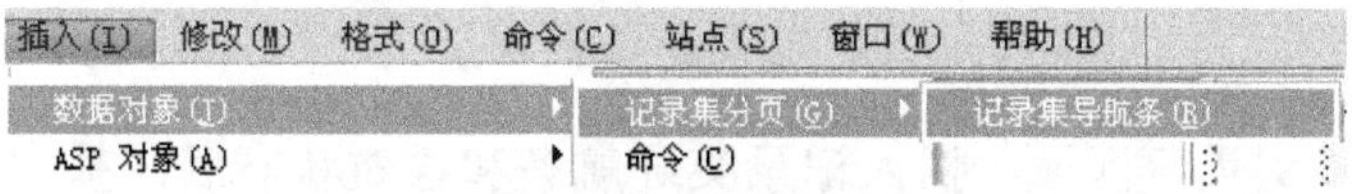

图 3-49　“记录集导航条”命令

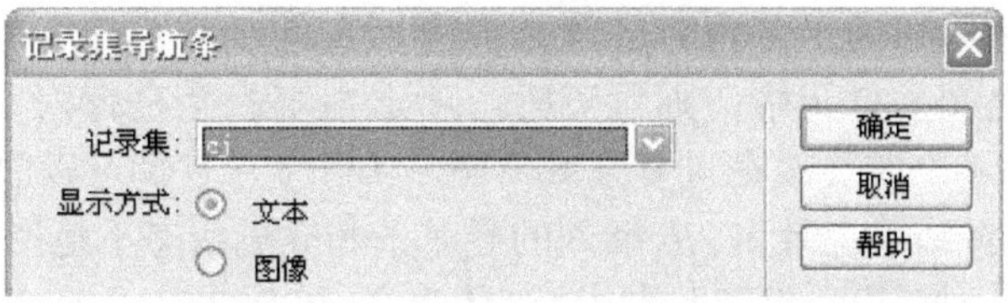

图 3-50　“记录集导航条”对话框

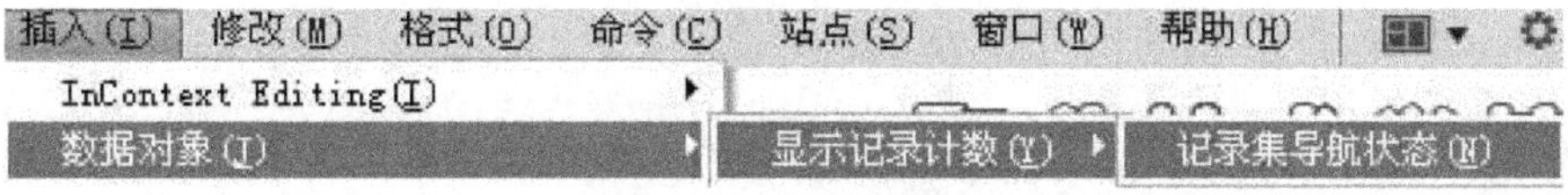

图 3-51　导航状态

4）出现如图 3-52 所示的“记录集导航状态”对话框。在“记录集”下拉列表框中选择“cj”。

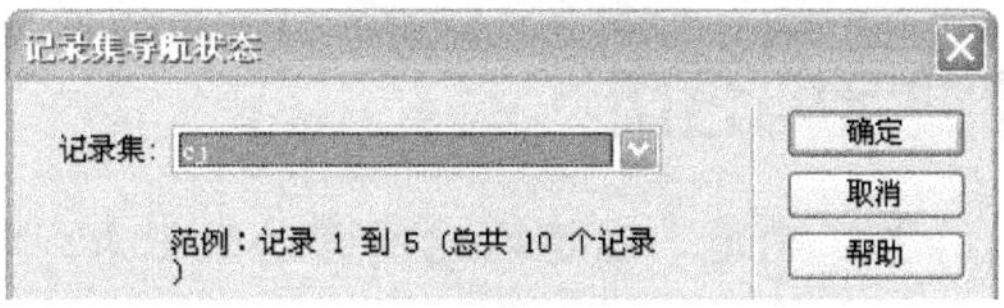

图 3-52　“记录集导航状态”对话框

5）插入“记录集导航条”和“记录集导航状态”后的网页如图 3-53 所示。如果插入的导航条的导航状态是用英文显示的，就要将网页编码设置为“GB2312”后重新做一次。

6）保存后预览，单击“下一页”按钮，效果如图 3-48 所示。

这样，就可以查询记录集中所有同学的成绩了。

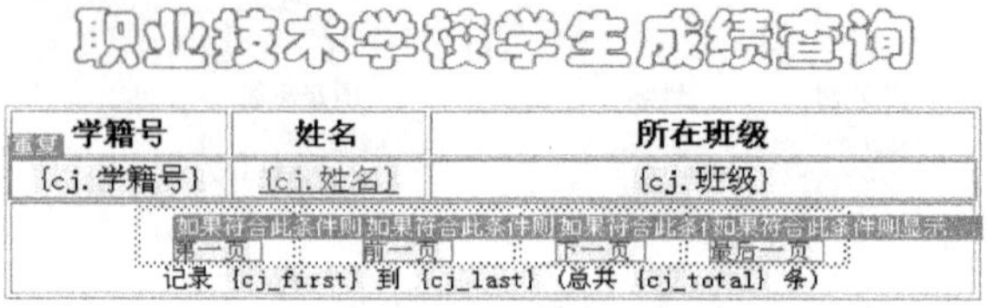

图 3-53　插入导航信息后的效果

任务评价

重复区域的设置在本任务中必须掌握。设置了重复区域后，就可以为当前记录集插入导航条和导航状态了。

内　容	分　值	自　评	师　评
设置重复区域	40		
插入导航条	30		
插入导航状态	30		
合　计	100		

必备知识

在一级网页中设置重复区域、插入记录集导航条和导航状态后，基本上能设计一些较完整的显示信息用的一、二级动态网页了。

在设置重复区域时选择的重复内容应该是内容所在的一行或连续的若干行，不能选择连续的若干单元格。若选成了单元格，则预览时，所选内容就会在行内重复显示。

导航条和导航状态不一定要放在重复区域下面。实际上，它们可以放在网页中的任何位置，只是在对话框中不要选择错了记录集。若插入的导航条和导航状态不是用中文显示的，那么就要删除它们，在页面属性中把网页编码设置为“简体中文（GB2312）”后，重新插入一次。

触类旁通

使用数据库 study.mdb，完善自己设计的网站，能用一、二级页面的方式显示数据表中的所有记录。

实习 3　记录的显示与分页

实习目标：根据实际，分析、确定、创建网站所需的数据表；将它们分页显示在网页中。

实习课时：2。

实习过程：

1）建立数据库 E:\2101\ASP\data\zgdxzx.mdb 和成绩表 chengji，并录入好至少 10 条记录

供测试。

2）连接网站与数据库。

3）将数据表与网页绑定。

4）规划网页，将所需字段插入相应位置，预览效果。

5）设置重复显示区域，预览效果。

6）插入记录集导航条和记录集导航状态，预览效果。

7）小结：如何设置简单的较完整的动态网页。

学习评价：

____

____

学习反思：

____

____

任务 4　设计成绩管理主页面

学习目标：学会成绩管理功能的设计方法，规划好成绩管理功能，设计好成绩管理主页面。学习整体考虑问题的方法。

学习重点：规划好成绩管理功能，设计好成绩管理主页面。

学习难点：整体思考问题。

学习方法：理解掌握相关操作。

学习课时：2。

前面，已学习了在网页中如何对数据库中的数据进行操作。从现在起，所有的操作就完全按照项目 1 的规划来讲解。因此，要熟悉文件间的链接关系，分清前台网页和后台网页。

任务情境

在网站中能通过一些信息查看到成绩，这些成绩都在设计网站时添加好了吗？如果是这样，那么下学期的成绩又在什么时候添加呢？

所以，在网站中应该有网页用来管理以后才能查询的成绩。这就是成绩管理主页面。

成绩管理主页面是从后台管理主页面 admin.asp 中的“成绩管理”链接的。

成绩管理主页面提供了管理成绩的界面，它是在后台管理成绩的网页。它通过显示成绩记录的部分重要信息作为提示，从而完成添加成绩、修改成绩和删除成绩的功能。

这么多网页，如何将它们设计出来？

任务分析

根据项目 1 的规划，成绩管理所需的文件有成绩管理主页 cj_admin.asp、修改成绩页 cj_edit.asp、删除成绩页 cj_del.asp、添加成绩页 cj_add.asp 和添加失败提示页 cj_add_wrong.asp。另外，所需的数据库文件还是 zgdxzx.mdb，成绩表是 chengji。本任务先完成成绩管理主页面 cj_admin.asp 的设计制作。

任务实施

成绩管理主页 cj_admin.asp 的设计效果如图 3-54 所示。

成绩管理主页 cj_admin.asp 的预览结果如图 3-55 所示。

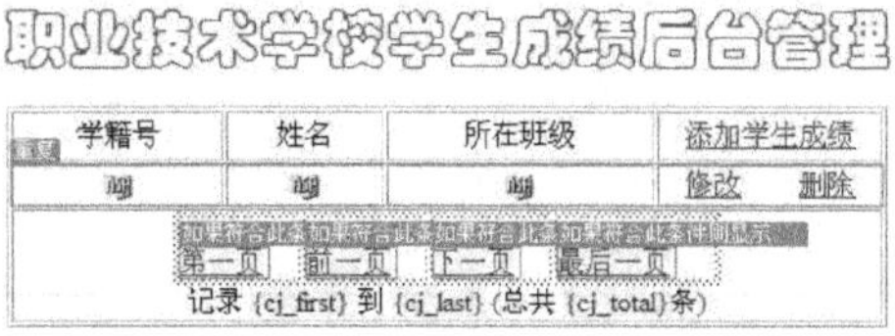

图 3-54　成绩管理主页的设计效果

图 3-55　成绩管理主页的预览效果

（1）设计分析

成绩管理主页与前一个任务设计过的网页很相似，只是在规划表格时多了一列，在这一列中添加了成绩管理所需的管理提示文字及其相应的三个超链接。

请问：这三个超链接是一样的吗？为什么？

（2）设计过程

1）创建空文件 cj_admin.asp，打开 cj_admin.asp，将标题改为“成绩管理”。

2）用表格规划网页。

3）将 chengji 表绑定到网页，取名为 cj。参看图 3-22～图 3-25。

4）用 3 行 4 列的表格规划好网页的主体部分，录入必要的提示文字，结果如图 3-56 所示。

5）向表格中插入字段。

① 将光标定位到“学籍号”下的单元格中。

② 展开“绑定”面板中的记录集 cj。

③ 单击选中“学籍号”字段，单击面板右下角的“插入”按钮。此时，可以看到表格中当前光标处显示{cj.学籍号}，说明“学籍号”字段已经添加到了网页中，如图 3-57 所示。

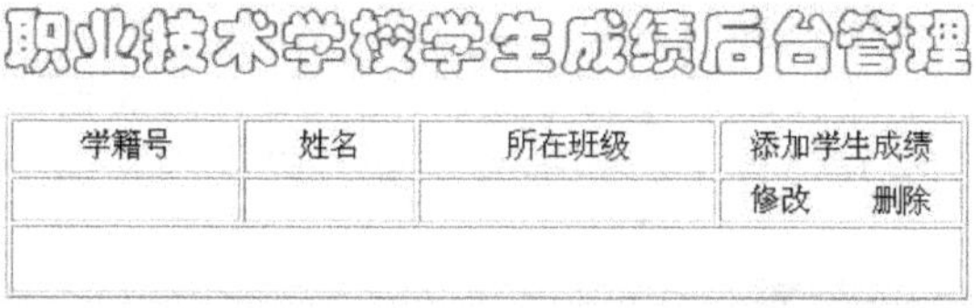

图 3-56　录入所需的提示信息

6）用同样的方法，将“姓名”和“所在班级”字段添加到表格中，如图 3-58 所示。

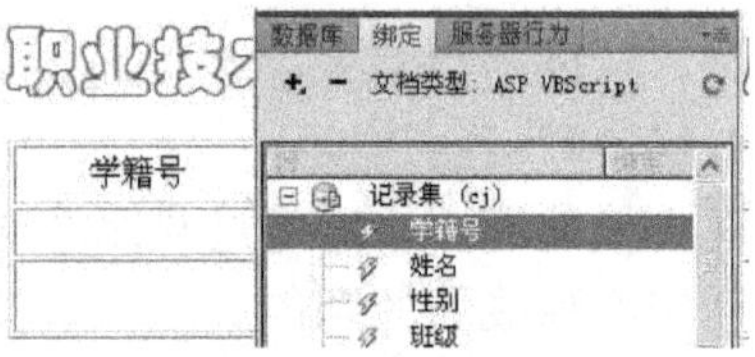

图 3-57　添加“学籍号”字段

图 3-58　添加后的效果

7）设置重复区域。

① 将光标小心地移到表格第 2 行的左边外，当鼠标指针变为向右黑色箭头时单击鼠标，选中第 2 行。注意，不是选中这一行的 4 个单元格。

② 在“服务器行为”面板中单击增加按钮+，在弹出的菜单中选择“重复区域”命令。

③ 在弹出的对话框中设置属性，记录集为“cj”，显示为“3 记录”（默认是 10 记录。若选择所有记录，就表示显示不分页）。

8）添加记录集导航条。

① 把光标定位到表格的第 3 行，设置对齐方式为居中对齐。

② 执行“插入”→“数据对象”→“记录集分页”→“记录集导航条”命令。

③ 在弹出的对话框中设置属性，记录集选择“cj”，显示方式选择“文本”。

9）添加记录集导航状态。

① 把光标放在规划放置状态条的位置，这里放在导航条上方。

② 执行“插入”→“数据对象”→“显示记录计数”→“记录集导航状态”命令。

③ 在弹出的对话框中选择记录集“cj”。

④ 设置结果如图 3-59 所示。

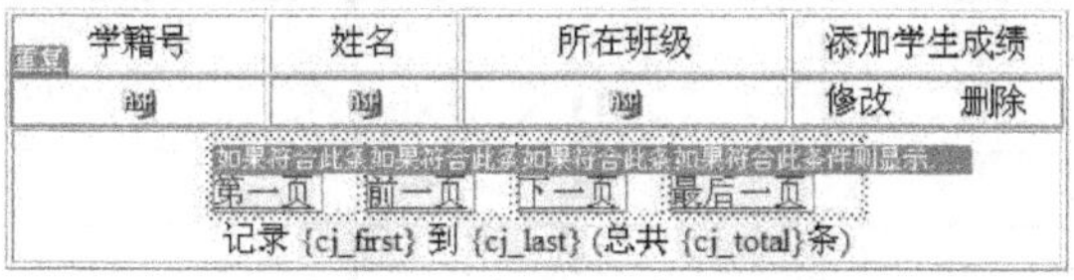

图 3-59　添加导航状态后的效果

10）选中“添加学生成绩”6 个字，在“属性”面板的链接框输入一般超链接的目标文件“cj_add.asp”。

11）为“修改”添加“转到详细页面”服务器行为。

① 选中“修改”2 个字。

② 在“服务器行为”面板中单击增加按钮，在弹出的菜单中选择“转到详细页面”命令，如图 3-60 所示。

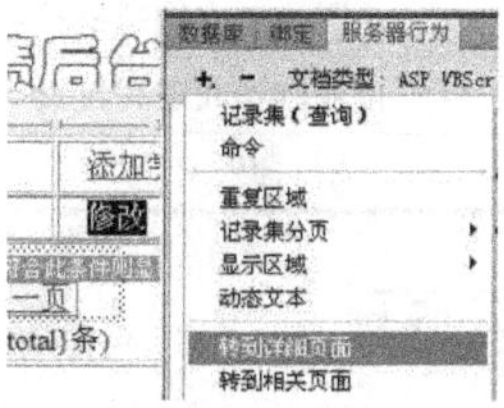

图 3-60　添加“转到详细页面”服务器行为

③ 在弹出的对话框中设置属性，“详细信息页”为“cj_edit.asp”，“传递 URL 参数”为“exjh”，“记录集”为“cj”，“列”为“学籍号”，如图 3-61 所示。

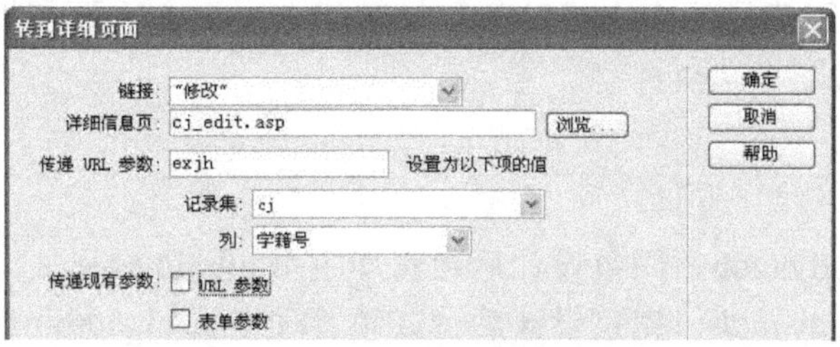

图 3-61　为“修改”链接设置参数

12）为“删除”添加“转到详细页面”服务器行为。在弹出的对话框中设置“传递 URL 参数”为“dxjh”，“记录集”为“cj”，“列”为“学籍号”，如图 3-62 所示。

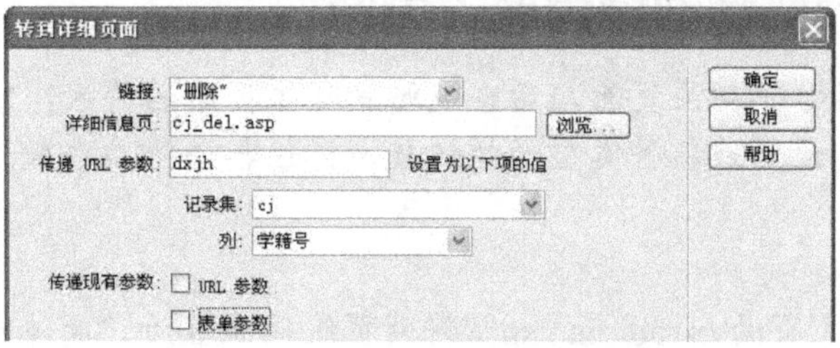

图 3-62　为“删除”链接设置参数

13）设计结果如图 3-54 所示。记住两次“转到详细页面”服务器行为用到的参数，设计二级页面时要用。

14）保存。若数据表中的记录如图 3-63 所示，则本页预览时，单击页面中的“下一页”后，就会出现如图 3-55 所示的效果了。

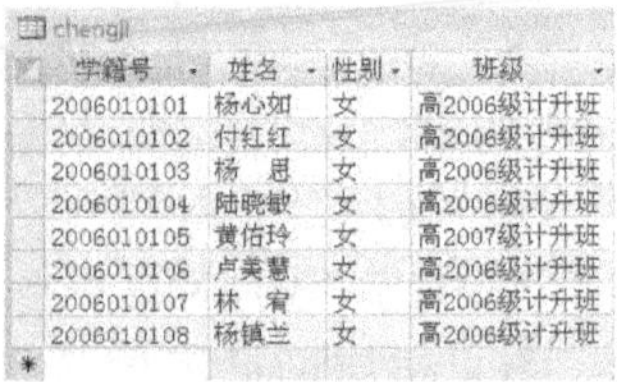
chengji

学籍号	姓名	性别	班级
2006010101	杨心如	女	高2006级计升班
2006010102	付红红	女	高2006级计升班
2006010103	杨　思	女	高2006级计升班
2006010104	陆晓敏	女	高2006级计升班
2006010105	黄佑玲	女	高2007级计升班
2006010106	卢美慧	女	高2006级计升班
2006010107	林　宥	女	高2006级计升班
2006010108	杨镇兰	女	高2006级计升班

图 3-63　chengji 表中的记录

任务评价

后台成绩管理主页面的主要操作是绑定成绩记录集、设置重复区域、插入导航条和导航状态、设置添加成绩超链接、设置修改成绩超链接、设置删除成绩超链接。

内　　容	分　　值	自　　评	师　　评
绑定成绩记录集	15		
设置重复区域	15		
插入导航条和导航状态	15		
设置添加成绩超链接	15		
设置修改成绩超链接	20		
设置删除成绩超链接	20		
合　　计	100		

知 识 点

1）分清要设计的网页是前台部分的，还是后台部分的。

2）理顺网页间的关系，理解哪些是一般超链接，哪些又是“转到详细页面”超链接。目标网页中的操作与当前记录有关，就用“转到详细页面”超链接；目标网页中的操作与当前记录无关，就用一般超链接。

3）为了在网页中正确显示中文导航条和导航状态，要在页面属性中将网页编码设置为“简体中文（GB2312）”。

触类旁通

1）使用数据库 study.mdb，简单设计后台管理主页 admin.asp。

2）使用数据库 study.mdb，完整设计后台成绩管理主页 cj_admin.asp，建立好各种链接，记好各个“转到详细页面”超链接中的 URL 参数。

实习 4　设计后台成绩管理主页面

实习目标： 理解后台管理主页面与后台成绩管理主页面的关系，掌握后台成绩管理主页面的规划技巧，按实际设置好各种类型的超链接，记住各个传递参数。

实习课时： 2。

实习过程：

1）新建成绩管理主页面 cj_admin.asp，将网页编码设置为“简体中文（GB2312）”。

2）用表格规划网页。

3）在主体中插入 1 个 3 行 4 列的表格，绑定记录集。
4）在这个 3 行 4 列的表格中添加基本的提示信息及相应的记录集字段。
5）为“添加学生成绩”“修改”和“删除”创建合适的链接。
6）设置好重复区域。
7）添加记录集导航条及其导航状态。
8）预览测试。

学习评价：

____

____

学习反思：

____

____

任务 5 设计添加成绩页面

学习目标： 掌握成绩添加页的设计方法，了解添加成绩的基本原理。
学习重点：“插入记录”服务器行为，“返回”代码的设计。
学习难点：“返回”代码的设计。
学习方法： 按操作步骤认真实践，积极思考。
学习课时： 2。

任务情境

在网页中既能查询以前的成绩，又能查询到以后的成绩。那么以后的成绩是如何添加的呢？在添加的时候，能否知道添加成绩的操作正确与否？在动态网站中，可以设计一些相关网页来完成此项功能。

任务分析

添加成绩页 cj_add.asp 的作用就是向成绩表 chengji 中添加学生的成绩记录，这就要结合 chengji 表本身的数据结构的特点来完成。字段“日期”在表结构中已设计了默认值为当前系统日期 now()，在网页中就可以不修改它了。

为了避免重复添加一个学生的成绩，除了成绩添加网页 cj_add.asp 外，还有一个重复添加同一学生成绩时的出错处理网页 cj_add_wrong.asp。

任务实施

1．设计添加成绩页 cj_add. asp

添加成绩页 cj_add.asp 的设计效果如图 3-64 所示，思考一下，这个网页的设计与之前的网页有什么不同吗？

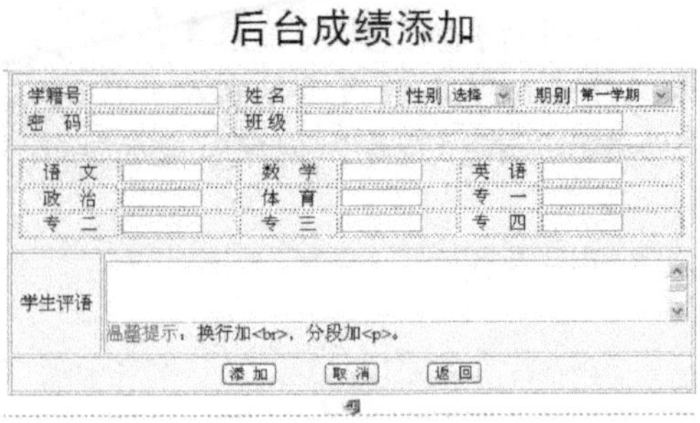

图 3-64　添加成绩页

（1）设计分析

在图 3-64 中，红色虚线是表单的标示，并且，规划主体的表格是放在表单中的。因此，本网页设计时会用到表单。为了将表单中的信息准确方便地添加到记录集中，要将表单元素逐一命好名。“插入记录”服务器行为，能将表单中的信息对应插入到记录集的字段中。

（2）设计过程

1）创建空文件 cj_add.asp，打开 cj_add.asp，将网页编码设置为“简体中文（GB2312）”，将标题改为“添加成绩”。

2）用表格规划本网页。

3）在网页主体中添加表单 form1。

4）在表单中插入 1 个 4 行 1 列边框值为 1 的表格来规划表单。

5）在这个表格中进一步规划表单。

在第 1 行中插入 1 个 2 行 6 列边框值为 0 的表格来添加学生基本情况部分字段。将第 2 行的后 3 个单元格合并为 1 个字段。

在第 2 行中插入 1 个 3 行 6 列边框值为 0 的表格来添加学生成绩部分字段。

将第 3 行的单元格拆分为 2 个单元格来添加评语字段。

效果如图 3-65 所示。

6）编辑表单。

添加好所有提示标签，在第 4 行中添加 3 个表单按钮，默认均为“提交”按钮，如图 3-66 所示。

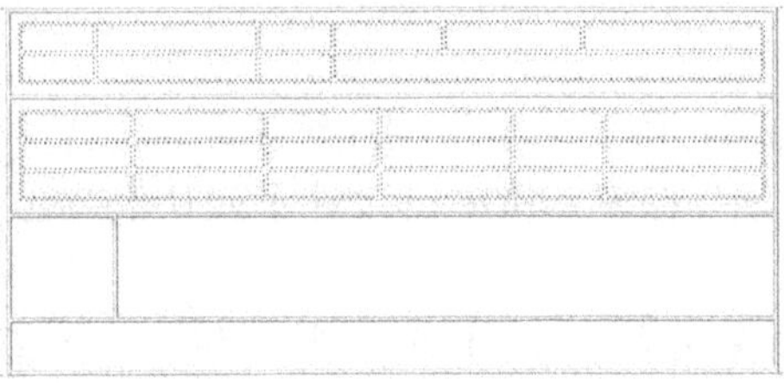

图 3-65　规划好的表单

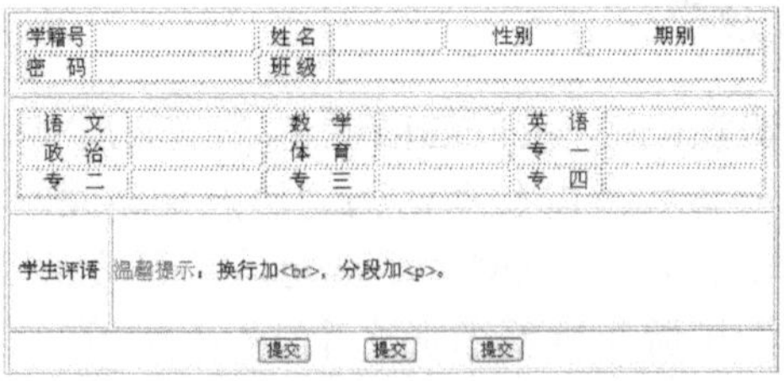

图 3-66　添加了提示标签的表单

添加好对应的表单元素并命名。

在第 1 行中放置的学籍号、姓名、性别、期别、密码、班级 6 个表单元素依次命名为 xjh、xm、xb、qb、ps、bj；在第 2 行中放置的语文、数学、英语、政治、体育、专一、专二、专三、专四 9 个文本框依次命名为 yw、sx、yy、zz、ty、zy、ze、zs、zss；在第 3 行中放置评语字段多行文本框并命名为 py。

性别是用下拉列表框来选择输入的，它的列表值设置方法是单击选中下拉列表框，在“属性”面板中单击“列表值”按钮，在弹出的对话框中输入“男”，再单击按钮[+]，在第 2 行中输入“女”，如图 3-67 所示，单击“确定”按钮回到“属性”面板，在初始化时选定“男”。期别下拉列表框的设置方法与性别下拉列表框的设置方法相似，它的列表值为第一学期、第二学期、第三学期、第四学期、第五学期、第六学期、毕业、中考、高考，效果如图 3-68 所示。

图 3-67　添加“性别”列表框的值

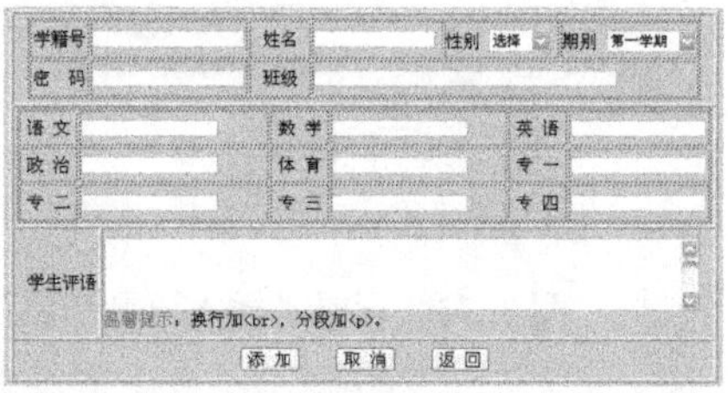

图 3-68　添加了表单元素并命名的表单

下面来修改 3 个“提交”按钮的属性。单击第 1 个“提交”按钮，在“属性”面板中将“值”中的“提交”改为“添加”，在“动作”中选择“提交表单”；单击第 2 个“提交”按钮，在“属性”面板中把“动作”选择为“重设表单”；单击第 3 个“提交”按钮，在“属性”面板中将“值”中的“提交”改为“返回”，在“动作”中选择“无”，再单击编辑窗口左上角的“代码”按钮，将文件显示方式转到代码视图方式，在选中标签行的后面添加代码 onclick="location.href='cj_admin.asp'"。代码修改前后的对照如图 3-69 所示。

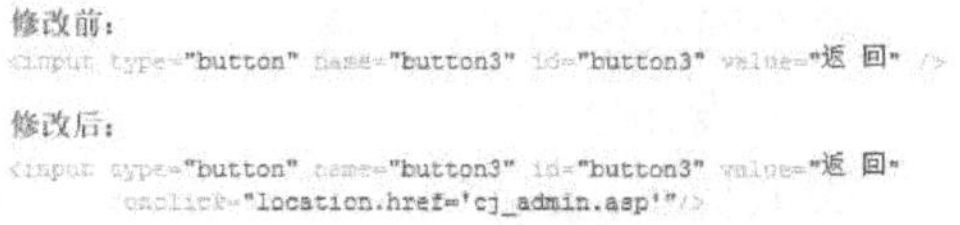

```
修改前：
<input type="button" name="button3" id="button3" value="返 回" />
修改后：
<input type="button" name="button3" id="button3" value="返 回"
        onclick="location.href='cj_admin.asp'"/>
```

图 3-69　修改“返回”按钮的代码

7）添加“检查表单”行为。选中表单，在“行为”面板中添加“检查表单”行为，操作如图 3-70 所示。在弹出的对话框中，将所有字段设置为“必需的”，并设置可接受类型。各科成绩的数值范围按实际设置，如设在 0～100 或 0～150，如图 3-71 所示。

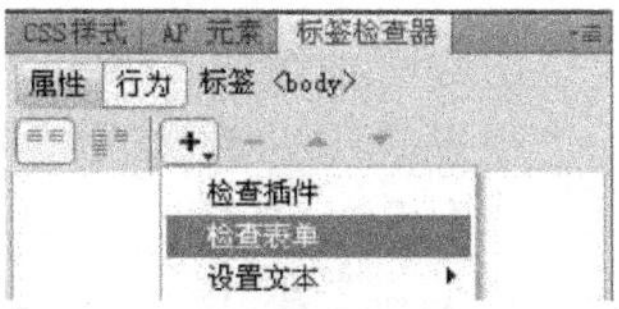

图 3-70　添加“检查表单”行为

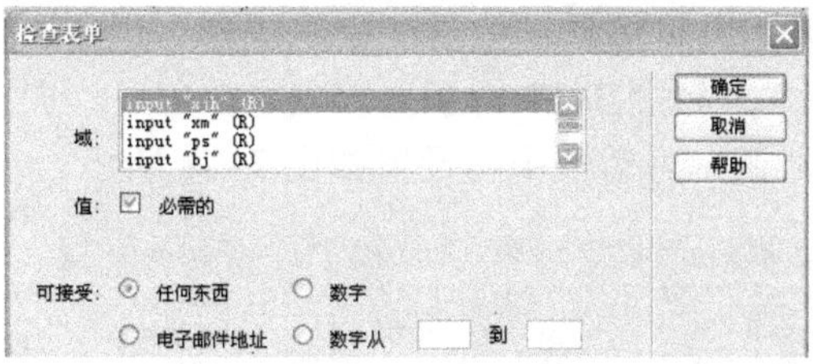

图 3-71　设置“检查表单”属性

8）添加“插入记录”服务器行为。单击“服务器行为”面板中的增加按钮[+]，在弹出的菜单中选择“插入记录”命令，如图 3-72 所示。

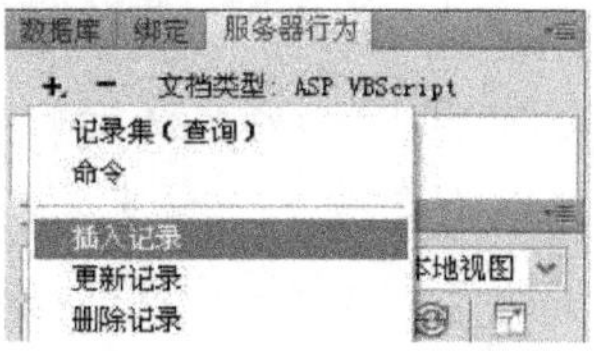

图 3-72　添加“插入记录”服务器行为

在弹出的对话框中设置如下属性，“连接”为“conn”，“插入到表格”为“chengji”，“插入后转到”为“cj_add.asp”，“获取值自”为“form1”，“表单元素”在这里要依次正确地将表单元素与字段一一对应，如图 3-73 所示。

9）检查学籍号是否有重号。

添加 1 个“检查新用户名”服务器行为，如图 3-74 所示。

在弹出的对话框中，“用户名字段”选择“xjh”，“如果已存在，则转到”为“cj_add_wrong.asp”，设置如图 3-75 所示。

到此，完成成绩添加页 cj_add.asp 的设计，效果如图 3-64 所示。

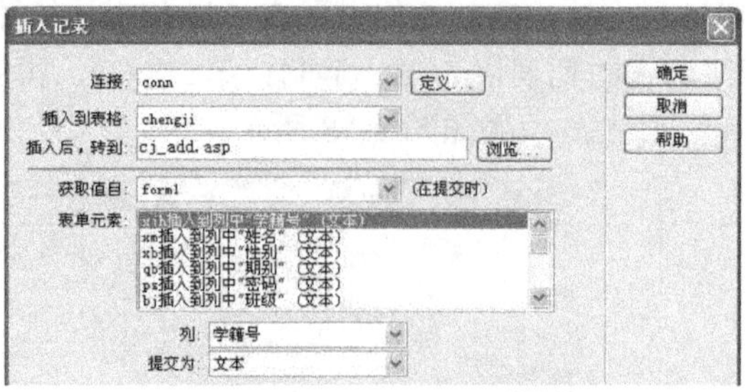

图 3-73　设置“插入记录”属性

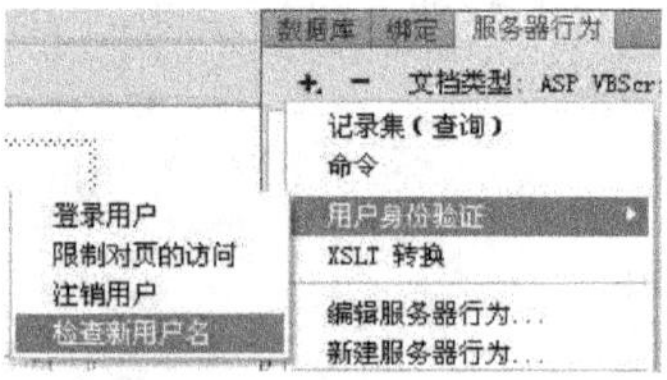

图 3-74　检查新用户

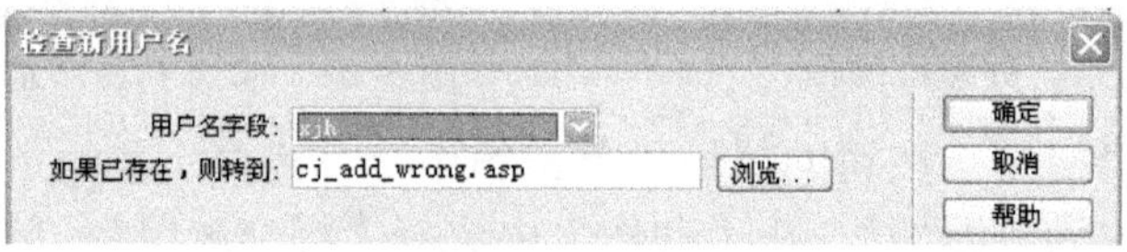

图 3-75　设置“检查新用户名”属性

2．设计添加成绩失败页 cj_add_wrong.asp

这个网页很简单，就是一些失败提示和失败原因说明，效果如图 3-76 所示。

（1）设计分析

失败提示信息很好编辑。2s 后自动返回是如何实现的呢？这就要用到“刷新”功能。

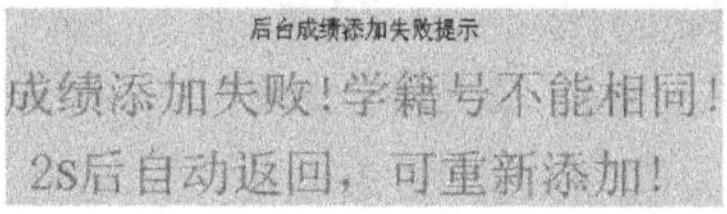

图 3-76　添加成绩失败提示页

（2）设计过程

1）新建网页 cj_add_wrong.asp，打开网页 cj_add_wrong.asp，将网页编码设置为“简体中文（GB2312）”，将标题改为“添加失败”，输入失败提示信息，效果如图 3-76 所示。

2）为网页添加一个自动刷新操作。执行“插入”→“HTML”→“文件头标签”→“刷新”命令，如图 3-77 所示。

“刷新”对话框中的设置如图 3-78 所示。

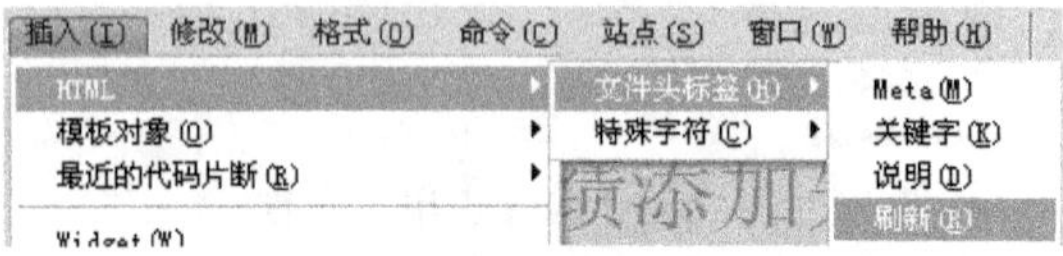

图 3-77　为网页添加刷新命令

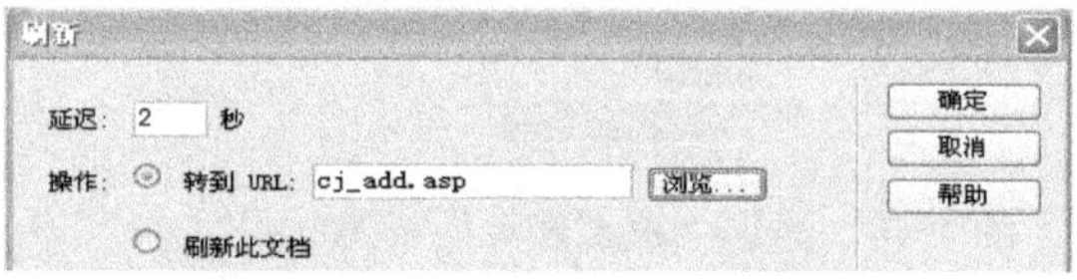

图 3-78　设置“刷新”对话框

2 个网页设计完成后，保存，预览 cj_add.asp，效果如图 3-79 所示。

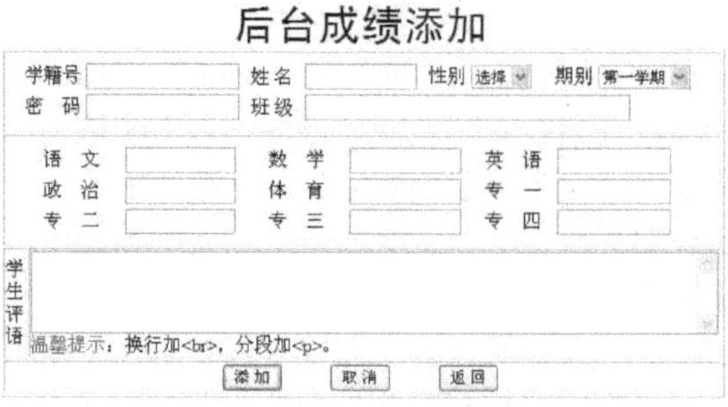

图 3-79　cj_add.asp 的预览效果

任务评价

要改变记录集的内容，则应该有表单。在添加记录时，把要添加的字段值一一放在对应的表单元素中，不要混淆了。对添加失败页，只需提示错误及其原因就行了，能自动返回更好。

内　容	分　值	自　评	师　评
规划编辑添加表单	20		
添加检查表单行为	10		
添加“插入记录”服务器行为	30		
添加“检查新用户名”服务器行为	20		
制作添加成绩失败页	20		
合　计	100		

知 识 点

添加成绩记录的基本操作过程如下。

1）添加表单，插入表格规划网页，由于字段较多，要认真规划网页（不需绑定记录集）。

2）添加文本框，将对应的名称命名。

3）添加“检查表单”行为。

4）添加“插入记录”服务器行为，将表单中的数据添加到数据表记录中。

5）添加“检查新用户名”服务器行为，检查是否有相同的学籍号。

6）制作添加成绩失败页，提示添加成绩失败及其失败原因。

触类旁通

使用数据库 study.mdb，设计成绩添加网页，不能出现学籍号相同的记录。

实习 5　设计后台中的成绩添加页面

实习目标：掌握对数据表进行添加的基本操作过程，学会较全面地思考问题的方法；掌握后台管理中的添加成绩页面及相应提示页面的设计技巧。

实习课时：2。

实习过程：

1）新建成绩添加页面 cj_add.asp 和 cj_add_wrong.asp。

2）用表格规划网页。

3）在主体中插入一个表单，再在表单中插入一个表格规划表单。

4）在表单中的表格中添加基本的提示信息。

5）添加适当的文本框及其他表单元素，将对应的名称命名。

6）添加“插入记录”服务器行为。

7）添加“检查新用户名”服务器行为，以检查是否是相同的学籍号。

8）对按钮进行适当的编辑。

9）编辑好添加失败页面 cj_add_wrong.asp。

学习评价：

____

____

学习反思：

____

____

任务 6　设计修改成绩页面

学习目标：学会成绩修改页的设计方法，理解修改记录的操作过程，注意总结同类网页的编辑方法。学习整体考虑问题的方法。

学习重点：绑定所需记录集，“更新记录”服务器行为。

学习难点：正确绑定所需的记录集。

学习方法：理解掌握一、二级页面之间的参数传递关系，认真实践。

学习课时：2。

任务情境

在添加了成绩后，发现添加的成绩有错怎么办呢？把这个网页重新制作再上传是不可能的。还应该像添加成绩那样，在成绩管理的后台添加一个修改成绩的网页来完成。

任务分析

修改成绩页面的主要作用是根据当前记录的内容提示，将修改正确的数据再存回当前记录的相应字段中。在这个网页可以修改除学籍号外的所有字段的值。若学籍号有错，则将该记录删除后重新添加。

这个网页是要对成绩记录进行修改，因此，修改的内容要放在表单中。

在修改时，最好能看到原来的数据，在原数据的基础上进行修改。将记录集中的字段与表单元素绑定可实现这一功能。

最后，再添加一个“更新记录”服务器行为来实现成绩的修改。

任务实施

成绩管理页与修改成绩页的预览效果如图 3-80 所示。

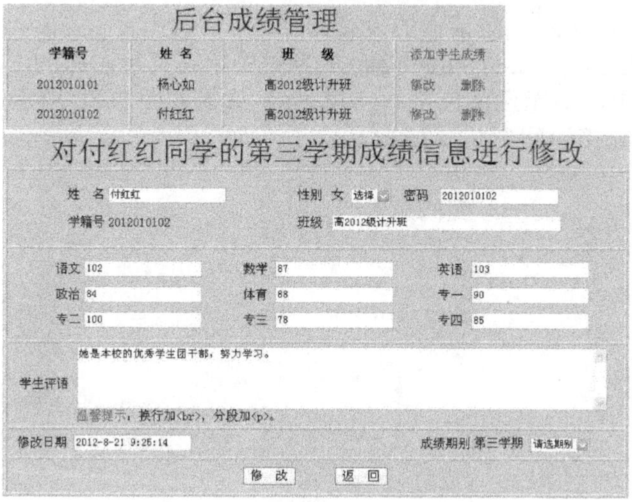

图 3-80　绑定修改成绩记录集

（1）设计分析

从如图 3-80 所示的设计结果来看，当在成绩管理页中单击“付红红”所在行的“修改”超链接时，就会在修改成绩页中打开“付红红”的成绩进行修改，而不会随意打开其他记录供修改。也就是说，在成绩管理页中希望修改哪条记录就单击哪个提示行的“修改”链接，在修改成绩页中只打开想要修改的一条记录供修改。

在设计成绩修改页时，首先是利用上级页面传递来的参数正确绑定记录集，这就能保证供修改的记录是想要修改的记录。其次是添加“更新记录”服务器行为，这个行为也需要有表单。

（2）设计过程

1）打开修改成绩页 cj_edit.asp，将标题改为“修改成绩”。

2）用表格规划网页。

3）绑定记录集 ecj。根据 cj_admin.asp 中为“修改”添加“转到详细页面”服务器行为中设置的参数 exjh 筛选本页的记录集 ecj，方法如下。

① 单击“绑定”面板中的增加按钮 +，在弹出的菜单中选择“记录集（查询）”命令。

② 在弹出的对话框中设置属性。“名称”为“ecj”，“连接”为“conn”，“表格”为“chengji”，“列”为“全部”，“筛选”为“学籍号”“=”“URL 参数”“exjh”。设置结果如图 3-81 所示。

图 3-81　绑定修改成绩记录集

4）在主体中添加表单 form1。

5）在表单中用表格规划。方法与添加成绩页相同。

6）编辑表单。操作与添加成绩页基本相同，只是这里只有 2 个按钮，即“修改”和“返回”，“返回”的代码都是一样的。“学籍号”不能修改，因此，学籍号后没有文本框。效果如图 3-82 所示。

7）将文本框与对应的字段绑定。在“学籍号”后面插入字段{ecj.学籍号}，在“性别”后的下拉列表框前插入{ecj.性别}显示当前值；在期别后的下拉列表框前插入{ecj.期别}显示当前值。添加“检查表单”行为，防止错误信息录入，效果如图 3-83 所示。

8）添加“更新记录”服务器行为。单击“服务器行为”面板中的 + 按钮，选择“更新记录”命令，如图 3-84 所示。对话框的设置如图 3-85 所示。

9）保存预览。此时，要在 cj_admin.asp 的预览中单击某行右面的“修改”链接，带参数显示 cj_edit.asp 的效果，不能直接预览 cj_edit.asp，效果如图 3-80 所示。单击“返回”链接就表示不做任何操作直接返回到 cj_admin.asp。

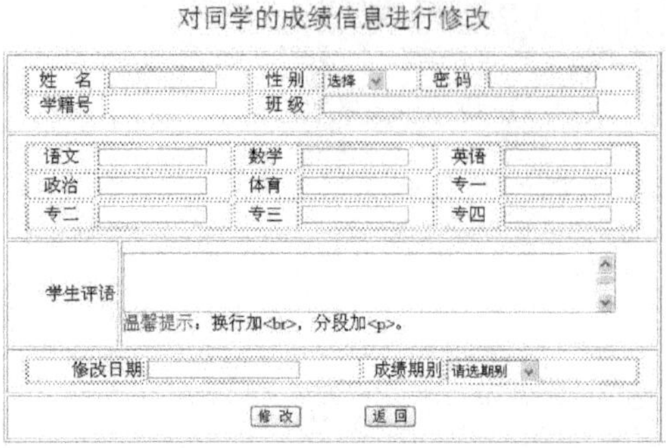

图 3-82　编辑修改成绩表单

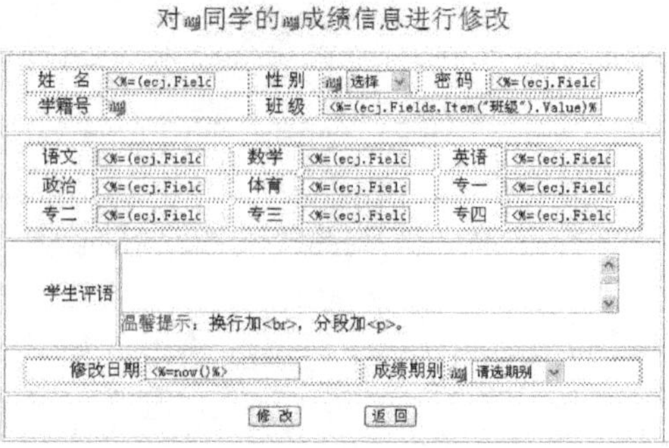

图 3-83　绑定字段

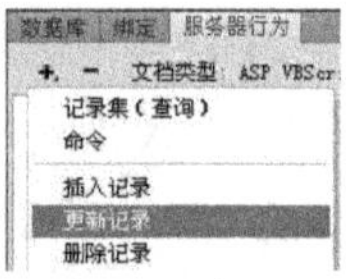

图 3-84　添加“更新记录”服务器行为

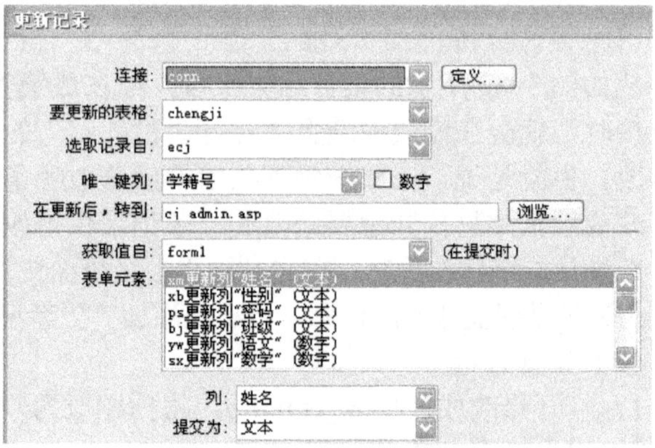

图 3-85　设置更新记录参数

任务评价

修改成绩页的任务，就是将有错的成绩记录放在网页中作为提示，方便对有错的字段进行修改，然后再存回该记录中。

内　容	分　值	自　评	师　评
用 URL 参数绑定记录集	30		
编辑修改成绩表单	20		
将字段与表单元素绑定	10		
添加“检查表单”行为	10		
添加“更新记录”服务器行为	30		
合　计	100		

知 识 点

修改记录页的主要编辑过程如下。

1）用一级页面传来的 URL 参数绑定记录集，记录集中就只有要被修改的那条记录。

2）添加表单，规划编辑表单，为每个表单元素命名。

3）将记录集中的字段与表单中的相应文本框绑定。

4）添加“检查表单”行为和“更新记录”服务器行为。

触类旁通

使用数据库 study.mdb，设计后台成绩修改页，注意网页之间的参数关系。

实习 6　设计后台中的成绩修改页面

实习目标：掌握对数据表进行修改的基本操作过程，学会较全面地思考问题的方法；掌握后台管理中的修改成绩页面的设计技巧。

实习课时：2。

实习过程：

1）新建成绩修改页 cj_edit.asp。

2）用表格规划网页。

3）在主体中插入一个表单，再在表单中插入一个表格规划表单。

4）在表单中的表格中添加基本的提示信息。

5）添加适当的文本框或下拉列表框，并将对应的名称命名。

6）绑定记录集，并将字段与相应的文本框进行绑定。

7）添加“更新记录”服务器行为和“检查表单”行为。

8）对按钮进行适当的编辑。

学习评价：

____

____

学习反思：

____

____

任务 7　设计删除成绩页面

学习目标：学会成绩删除页的设计方法，理解删除记录的操作过程，注意总结同类网页的编辑方法。学习整体考虑问题的方法。

学习重点：“删除记录”服务器行为。

学习难点：正确绑定所需记录集。

学习方法：理解掌握一、二级页面之间的参数传递关系，认真实践。

学习课时：1。

任务情境

在查看成绩时，发现学籍号都错了时，用修改成绩页是改不了的，只有将这条记录删除后再重新添加。有时，某些记录不再需要了，也要将它删除。

任务分析

对于有错的记录不能修改，就只有删除了。删除记录也是对当前记录进行的，因此，要用一级页面传递来的 URL 参数绑定记录集；删除也对记录进行了改动，因此，要有表单。因为这个删除是对整个记录进行删除，所以，不必将记录信息绑定到表单的文本框中。

删除成绩页 cj_del.asp 的作用是将当前记录从数据表中删除。为了保证数据安全，在删除前要再次查看当前记录的值，以防止误操作。

任务实施

预览成绩管理主页面 cj_admin.asp 时，若在成绩管理页中单击姓名为“付红红”所在行的“删除”链接，会得到删除“付红红”成绩的网页，再单击“删除”按钮就会删除当前记录，单击“返回”按钮会返回到成绩管理主页面 cj_admin.asp。预览效果如图 3-86 所示。

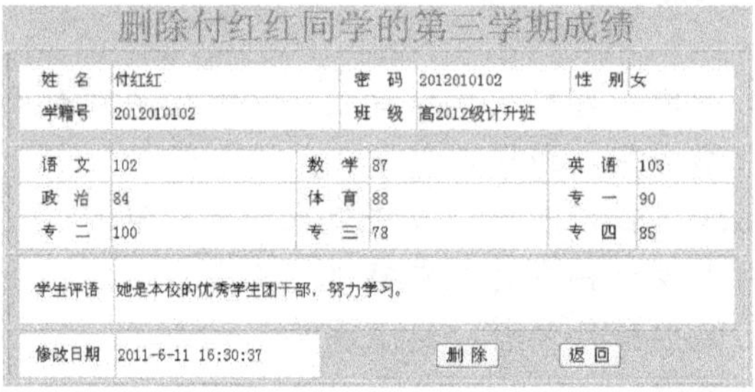

图 3-86　删除成绩页

（1）设计分析

1）按成绩管理页“删除”超链接传递的参数绑定记录集。

2）网页中有表单，没有文本框，字段是直接插入到网页中的。

3）利用“删除记录”服务器行为删除当前显示的记录。

（2）设计过程

1）打开 cj_del.asp，将标题改为“删除成绩”。

2）用表格规划网页。

3）绑定记录集 dcj。方法与修改成绩页相同，只是记录集的筛选参数不同。这里的“筛选”是“学籍号”“=”“URL 参数”“dxjh”。设置如图 3-87 所示。

图 3-87　绑定删除记录集

4）添加表单 form1。

5）编辑表单与修改成绩页相似，是把提交按钮的值改为“删除”。

6）将记录集 dcj 中的全部字段插入到表单的对应位置，效果如图 3-88 所示。

7）添加“删除记录”服务器行为。单击“服务器行为”面板中的+按钮，选择“删除记录”命令。操作如图 3-89 所示，设置如图 3-90 所示。

8）“删除”按钮和“返回”按钮设置与任务 6 中的相似。

9）保存预览。这个网页也不能直接预览，要从 cj_admin.asp 开始，在其中单击某行右面的“删除”链接，才能看到该行所对应的记录，即打开了 cj_del.asp。效果如图 3-86 所示。

图 3-88　插入对应字段

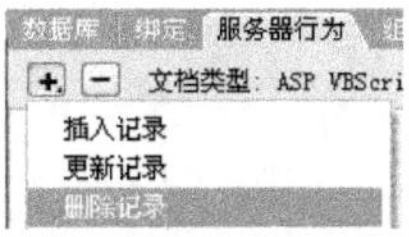

图 3-89　添加“删除记录”服务器行为

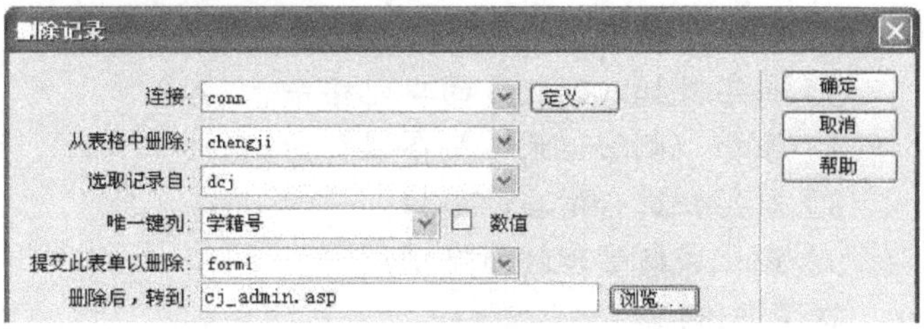

图 3-90　设置删除记录参数

任务评价

删除成绩的主要操作就是将有错的成绩记录提示后确认删除。

内　　容	分　　值	自　　评	师　　评
用 URL 参数绑定记录集	30		
编辑删除成绩表单	20		
插入要删除的字段到表单	20		
添加“删除记录”服务器行为	30		
合　　计	100		

知 识 点

删除记录页的主要编辑过程如下。

1）用一级页面传来的参数绑定记录集。

2）添加表单，用表格规划表单，编辑表单。

3）将记录集中的字段插入到相应的单元格中。

4）添加“删除记录”服务器行为。

触类旁通

使用数据库 study.mdb，设计后台成绩删除页，注意网页之间的参数关系。

实习7　设计后台中的成绩删除页面

实习目标：掌握对数据表进行删除的基本操作过程，学会较全面地思考问题的方法；掌握后台管理中的删除成绩页面的设计技巧。

实习课时：2。

实习过程：

1）新建成绩修改页 cj_del.asp。

2）用表格规划网页。

3）在主体中插入一个表单，再在表单中插入一个表格规划表单。

4）在表单中的表格中添加基本的提示信息。

5）绑定记录集。

6）将字段插入到相应的单元格中。

7）添加“删除记录”服务器行为。

8）对按钮进行适当的编辑。

9）调试成绩管理的所有功能。

学习评价：

____

____

学习反思：

____

____

任务8　设计搜索编辑成绩页面

学习目标：学会成绩搜索的设计方法，了解搜索信息的基本原理。

学习重点：设置好表单属性，学会成绩搜索的设计方法。

学习难点：设置表单属性。

学习方法：多理解，多操作，多思考。

学习课时：1。

任务情境

前面学习了在后台中管理成绩的操作。在这些操作过程中，也许有一个疑问：如果成绩记录太多，那么每页也只能显示很少一部分，且要找的记录不一定在这一页，也不知道它会在哪一页，如何快速准确地找到要操作的记录进行修改和删除操作呢？

任务分析

对于数据的基本操作只有 4 种，即显示、添加、修改和删除。如果记录太多，又想快速准确地找到要操作的记录进行修改和删除操作（添加与当前记录无关，因此，不需要找记录），那么就需要另一种操作了，即搜索。这里可以根据学籍号来准确地找到目标记录。

任务实施

本任务要完成的编辑是在成绩管理页中添加如图 3-91 所示的搜索表单，提交后得到如图 3-92 所示的搜索管理页，从而进一步进行操作。

图 3-91　在成绩管理页中添加搜索表单

图 3-92　搜索管理页

1．设计分析

1）设计如图 3-91 所示的表单，提交后转到如图 3-92 所示的网页。

2）在如图 3-92 所示的网页中用传递来的信息绑定记录集；编辑操作与成绩管理页相似。

3）注意搜索结果的处理。可能找得到记录，也可能找不到记录。

2．设计过程

（1）修改后台成绩管理网页 cj_admin.asp

1）打开后台成绩管理网页 cj_admin.asp，添加一个搜索用的表单 form1。

2）在表单中插入 1 个 1 行 3 列的表格规划表单。

3）编辑表单。

① 在第 1 个单元格中录入“请输入学生学籍号”的提示信息，并设置文本属性。

② 在第 2 个单元格中添加 1 个文本框，命名为“xjh”。

③ 在第 3 个单元格中添加 1 个按钮，即“搜索”按钮。

4）设置表单属性。

① 选中表单。

② 在“属性”面板的动作文本框中输入 cj_admin2.asp 作为表单提交的目标网页，即单击“搜索”按钮后，将转到网页 cj_admin2.asp。

③ 将方法由 POST 改为 GET，如图 3-93 所示。

（2）编辑目标网页 cj_admin2.asp

打开网页 cj_admin2.asp，将标题改为“成绩搜索管理”。

1）绑定记录集 cjss。注意，筛选参数一定要与 cj_admin.asp 表单 form1 中文本框的名称一致，即“筛选”为“学籍号”“=”“URL 参数”“xjh”。其中，“xjh”就是搜索表单中文本框的名称，如图 3-94 所示。

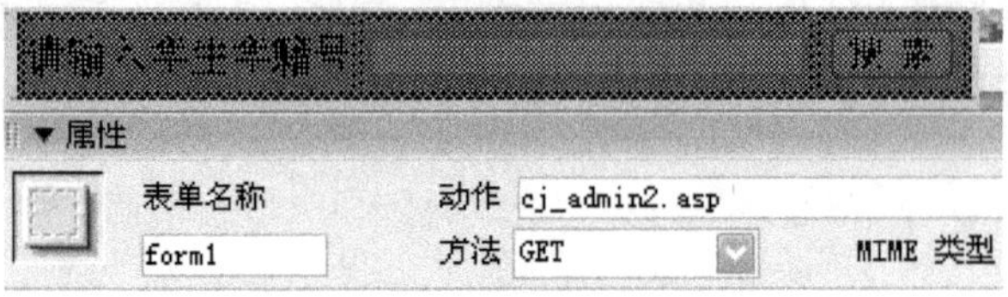

图 3-93　设置表单属性

图 3-94　绑定搜索记录集

2）对找到的记录只进行修改和删除，这里不再添加记录。接下来对本网页的编辑就与 cj_admin.asp 相似，把“添加学生成绩”改为“搜索管理操作”。对“修改”“删除”定义的“转到详细页面”服务器行为与 cj_admin.asp 的完全相同。为“返回”添加到 cj_admin.asp 的超链接。结果如图 3-92 所示。

（3）解决出现的错误

输入的学籍号不存在时会出现错误，如何处理呢？

现在就解决这个问题。

1）在 cj_admin2.asp 的主体中添加下面两行内容：

你所要找的学籍号不存在！
返回

为“返回”添加到 cj_admin.asp 的超链接，也即重新输入要找的学籍号。

2）选中刚添加的两行内容，对它添加记录集 cjss 为空的“显示区域”服务器行为。操作如图 3-95 所示。设置如图 3-96 所示。

3）选中如图 3-92 所示的内容，对它添加记录集 cjss 不为空的“显示区域”服务器行为。操作如图 3-97 所示，设置与图 3-96 相同。网页结果如图 3-98 所示。

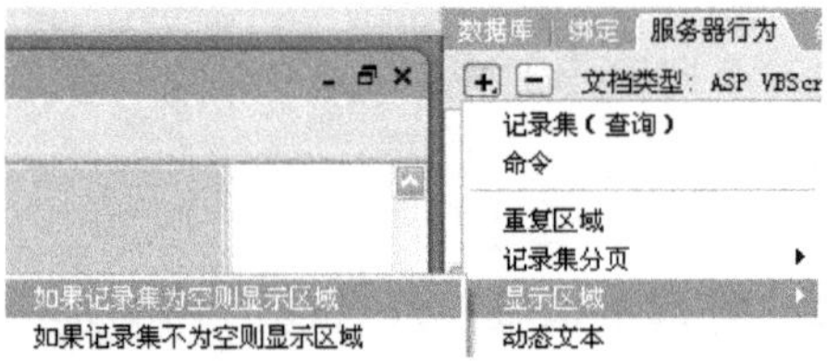

图 3-95　添加记录集为空的“显示区域”服务器行为

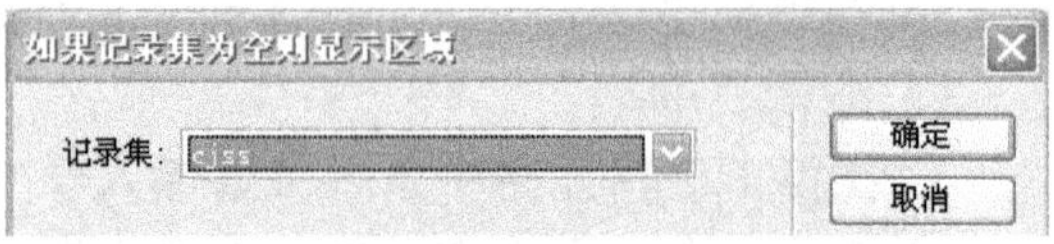

图 3-96　记录集为空的设置

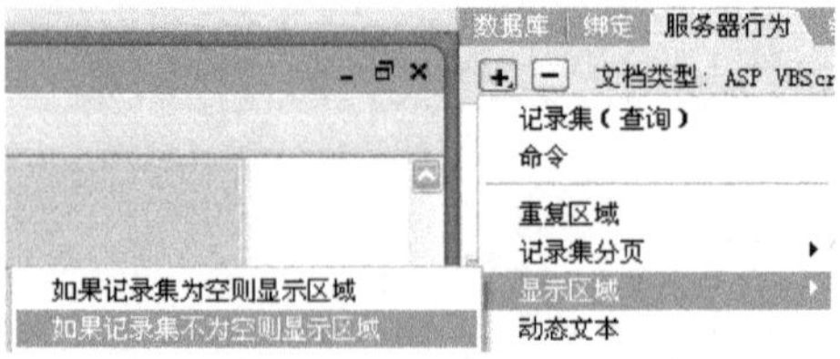

图 3-97　添加记录集不为空的“显示区域”服务器行为

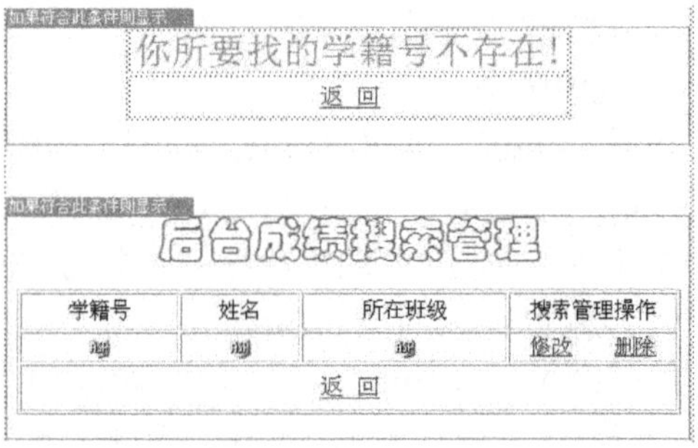

图 3-98　添加了显示区域的网页

（4）保存后，在搜索表单中输入一些存在的学籍号和不存在的学籍号尝试

如果找到了记录，则可以对它进行修改和删除操作了。

任务评价

快速准确地找到目标记录进行修改和删除，要注意以下几个方面：编辑搜索表单、正确绑定目标记录集、搜索出错处理、编辑搜索管理页。

内　容	分　值	自　评	师　评
编辑搜索表单	30		
绑定目标记录集	20		
搜索出错处理	30		
编辑搜索管理页	20		
合　计	100		

知 识 点

搜索信息的主要编辑过程如下。

1）设计完成成绩管理主页面中的搜索表单。

2）为表单中输入关键字的文本框命名。

3）设置好搜索表单的属性。

4）在目标页中按搜索表单中的文本框的名称作为 URL 参数筛选记录，绑定记录集。

5）规划目标页，把搜索到的记录集中的部分字段插入到目标网页中。

6）为“修改”和“删除”添加“转到详细页面”超链接。

7）在目标页中添加记录集为空和不为空的显示区域，处理好无搜索记录的问题。

触类旁通

使用数据库 study.mdb，设计搜索信息的网页，注意网页之间的参数关系。

实习 8　设计成绩搜索编辑功能

实习目标：掌握对数据表进行搜索的基本操作过程，学会较全面地思考问题的方法；掌握后台中搜索成绩的方法及相应页面的设计技巧。

实习课时：2。

实习过程：

1）在后台成绩管理主页面 cj_admin.asp 中添加搜索表单。

2）用表格规划搜索表单。

3）编辑搜索表单。

4）设置好表单的属性。

5）新建搜索目标页 cj_admin2.asp。

6）用上级页面中表单文本框的名称筛选绑定记录集。

7）规划 cj_admin2.asp，录入必要的提示信息，插入提示字段。

8）设计“修改”和“删除”两个超链接。

9）在 cj_admin2.asp 中添加记录集为空和不为空的显示区域。

学习评价：

____

____

学习反思：

____

____

项目小结

本项目学习的是 ASP 动态网页对数据库中数据表的基本操作，是学习其他内容的基础，务必理解掌握。

1）学会 ASP 运行环境的配置，掌握 IIS 的设置，将指定文件定义为本地动态站点；了解创建动态网页的基本过程。

2）掌握用一、二级页面中利用带参数的“转到详细页面”超链接显示记录的方法。

3）学会使用重复区域和导航条、导航状态的方法显示记录集中的所有记录。

4）按规划设计后台成绩管理主页面，理解掌握“转到详细页面”超链接与一般超链接的不同用法；设计成绩管理所需的功能。

5）设计表单、利用“插入记录”服务器行为添加成绩，注意重复记录的处理。

6）设计表单、利用“更新记录”服务器行为修改成绩，注意正确绑定修改记录。

7）设计表单、利用“删除记录”服务器行为删除成绩，注意正确绑定删除记录。

8）用表单和记录集绑定的配合，搜索所需记录。

实战强化

对数据库 study.mdb 的基本情况 jbqk 数据表中的记录进行查看、添加、修改、删除和搜索等管理。

习题

1．填空题

1）IIS 是（　　　　　　　　　　　）的英文缩写。

2）定义本地动态网站时，服务器模型选择（　　　　　　　　　　）选项。

3）若网站数据库文件 student.mdb 存放在站点下的文件夹 db 中，则连接网站与数据库的连接字符串为（　　　　　　　　　　　　　　　　　　　　　　　　　　　　　　）。若网站与数据库的连接字符串取名为 con，定义好连接后，在网站根文件夹中会自动创建一个名为（　　　　　　　　　）的文件夹，它下面还会产生一个名为（　　　　　　　）的文件来保存连接字符串。

4）显示系统的当前日期和时间的 ASP 代码是（　　　　　　）。

5）（　　　　　　　　　　）服务器行为，是一种带参数的超链接，它能将当前所在记录的一个信息传递到目标网页。

6）在 ASP 网页中，可以应用（　　　　　　）服务器行为显示记录集的多条记录。

7）在使用“插入记录”服务器行为之前，必须在网页中规划好相应（　　　　　）。

8）想让网页若干秒后自动跳转，可使用（　　　　　　　　　）菜单命令来完成。

9）在“搜索成绩”网页中，搜索表单属性中的方法应改为（　　　　　）。

2．判断题

1）没有 IIS，也可以运行 ASP 动态网站。（　　）

2）要正确浏览网站，IIS 中的主目录与站点根目录没有必然联系。（　　）

3）ASP 动态网站的首页文件必须是 index.asp。（　　）

4）有 Windows、IIS、Access 和 Dreamweaver，可进行 ASP 开发。（　　）

5）在网页中绑定记录集后，记录集就自然会在网页中显示。（　　）

6）在.html 文件中加了显示系统当前日期的代码<%=date%>，也不会因此在网页中显示出日期信息。（　　）

7）任何 ASP 网页都能随时直接预览编辑效果。（　　）

8）应用“重复区域”服务器行为之后，可以不加导航条就能显示绑定记录集中的所有记录。（　　）

9）在成绩管理主页面中，为“添加学生成绩”“修改”“删除”设置了同样功能的超链接。（　　）

10）“更新记录”和“删除记录”不需要从表单中获取数据。（　　）

3．简答题

1）如何定义本地 ASP 动态网站？

2）举例说明“转到详细页面”服务器行为的用法。

3）ASP 对数据的基本操作有哪些？能用动态网页将它们展示出来吗？

实训项目1　成 绩 管 理

实训目标：综合运用所学知识，快速独立地规划设计以“成绩管理”为主题的网站，熟练地完成有关网页的编辑任务，在规定时间内制作好一个相对完整的网站。

实训课时：6。

实训满分：100 分。

实训过程：

1）创建合理的文件夹，创建数据库表：成绩表、管理表。（10 分）

在 E:盘创建以年级班级代码和学号为文件名的网站根文件夹，再创建合理的网站文件夹，如 E:\2101\data。在 data 文件夹下创建 Access 数据库 student.mdb，建立成绩（至少 10 条记录）和管理（至少 2 条记录）两个数据表，表结构分别见表 3-1 和表 3-2。

表 3-1　成绩表的表结构

字段名	学籍号	姓名	性别	班级	密码	语文	数学	英语	政治
类型	文本	文本	文本	文本	文本	单数	单数	单数	单数
大小	10	8	4	50	20				
字段名	体育	专一	专二	专三	专四	期别	发布日期		评语
类型	单数	单数	单数	单数	单数	文本	日期/时间		备注
大小						10	默认值 now（）		

表 3-2　管理表的表结构

字段名	编号	账号	姓名	密码	审核	日期	类型
类型	自动编号	文本	文本	文本	文本	日期/时间	文本
大小	长整递增	20	10	20	10	默认 now（）	10
主键否	主键				默认值“通过”		默认值“管理员”

2）设置正确的 IIS，以“成绩管理”为名定义正确的本地 ASP 动态站点，添加网站与数据库的正确连接代码。（10 分）

3）前台部分：成绩查询、显示。（26 分）

① 编辑制作网站首页 index.asp。规划好页眉、主体和页脚，有合适的站标图和横幅图，有合理的导航栏（其中必须有链接到成绩查询和管理登录的超链接），页脚中有正确的版权信息。

② 编辑制作成绩查询页 cj_search.asp。按学籍号和密码查询各自的成绩。

③ 编辑制作成绩显示页 cj_view.asp。显示所要查询的成绩信息。

4）管理员登录、退出。（18 分）

① 编辑制作管理登录页 login.asp。根据账号和密码登录后台进行成绩管理操作。

② 编辑制作管理员信息显示与修改页 ad_infor.asp。显示登录管理员的有关信息，并在此页中提供修改管理员信息的功能。

③ 在相关网页加上登录提示和注销功能。

5）后台部分：成绩管理。（36 分）

① 编辑制作成绩管理主页 cj_admin.asp。能显示所有学生的成绩提示；能链接到成绩添加、修改、删除页，并传递正确的参数到二级页面。

② 编辑制作成绩添加页 cj_add.asp。实现成绩添加功能，能直接返回到管理主页。

③ 编辑制作成绩修改页 cj_edit.asp。实现成绩修改功能，能直接返回到管理主页。

④ 编辑制作成绩删除页 cj_del.asp。实现成绩删除功能，能直接返回到管理主页。

项目4　制作用户注册与登录网页

根据项目1的网站结构规划，用户注册功能在前台主要有3个网页，即用户注册页us_add.asp、用户注册成功提示页us_add_ok.asp和用户注册失败提示页us_add_wrong.asp；在后台还有5个网页，即用户管理主页us_admin.asp、用户审核页us_shen.asp、用户审核结果页us_shen_ok.asp、用户修改页us_edit.asp和用户删除页us_del.asp。用户登录只有一个网页login.asp和相关网页中的一些登录提示。

任务1　设计用户注册页面

学习目标： 学会在网站前台让用户注册的方法，学习对密码文本框的检测设计。
学习重点： 注册页的规划设计与“插入记录”服务器行为。
学习难点： 检测密码的一致性。
学习方法： 理解掌握相关操作。
学习课时： 2。

任务情境

很多网站都能注册，注册后能登录。这里的网站能不能提供这样的功能呢？这里可以用添加记录的知识来完成注册操作。

任务分析

在本任务中，将详细讲解有关用户在前台注册时用到的相关网页的设计操作。这些网页包括用户注册页 us_add.asp、用户注册成功提示页 us_add_ok.asp 和用户注册失败提示页 us_add_wrong.asp。

任务实施

打开网站，浏览用户注册用到的3个网页。

本任务中注册用户用到的数据表是users，请先看一看此数据表再开始思考网页的设计。

1. 编辑注册成功页 us_add_ok. asp

这个网页的编辑很简单。打开注册成功页 us_add_ok.asp，将标题改为“注册成功”。在主体部分输入一些注册成功的文字信息即可。如“注册成功！耐心等待管理员审核通过！4秒后自动转到首页”。再在网页中插入“刷新”代码。参考效果如图4-1所示。

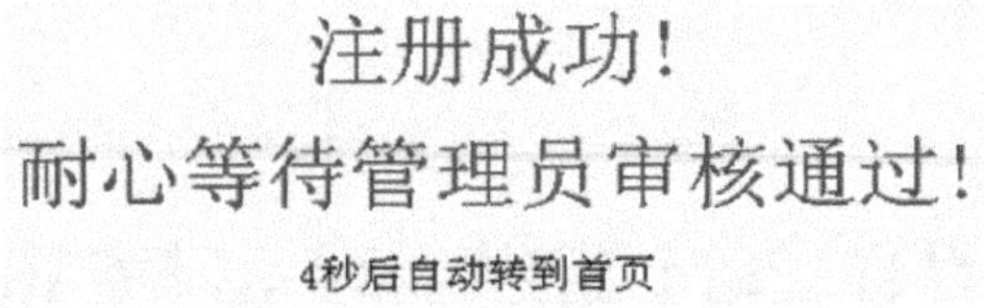

图 4-1　注册成功提示信息

2．编辑注册失败页 us_add_wrong. asp

这个网页的设计，前面也有类似讲解。打开注册失败页 us_add_wrong.asp，将标题改为“注册失败”。在主体部分输入一些注册失败的文字信息即可。如“对不起，注册失败了！你注册的账号已经有朋友使用了，需要重新选用账号注册！3 秒后自动返回注册页”。再在网页中插入“刷新”代码。参考效果如图 4-2 所示。

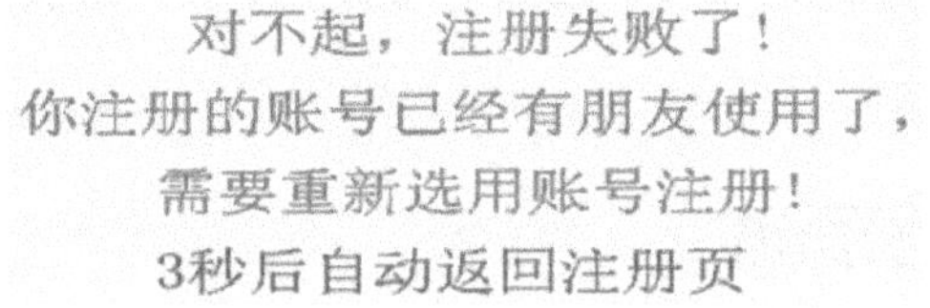

图 4-2　注册失败提示信息

3．编辑用户注册页 us_add. asp

用户注册页 us_add.asp 的设计结果如图 4-3 所示。

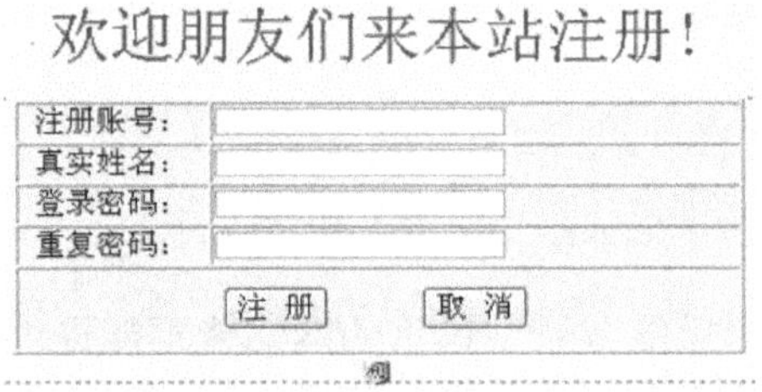

图 4-3　用户注册表单

（1）设计分析

1）要对数据表进行操作，应该有表单。

2）会用到“插入记录”服务器行为。

3）两个密码输入框，要注意判断它们的值是否一致。

（2）设计过程

打开用户注册页 us_add.asp，将标题改为“用户注册”。

1）在主体部分添加表单 form1。

2）在表单中插入 1 个 5 行 2 列的表格。

3）规划编辑表单。文本框取名如下，“注册账号”为“zh”，“真实姓名”为“xm”，“登录密码”为“ps”，“重复密码”为“reps”。

4）在“重复密码”后的文本框中添加一个“调用 Javascript”行为来检测两次密码输入是否一致，它的事件为 onblur。在对话框中输入如下代码：

```
if(document.getElementById("ps").value!=document.getElementById("reps").value) {alert("您的两次
密码输入不一致!");document.getElementById("ps").value="";
document.getElementById("reps").value="";document.getElementById("ps").focus();}
```

这段代码的意思是如果“ps”文本框和“reps”文本框中输入的值不一致，那么弹出显示“您的两次密码输入不一致!”的提示对话框、清除“ps”文本框中的信息、清除“reps”文本框中的信息、将光标停留在“ps”文本框中。

加上这段代码后，用户注册时，如果两次输入的密码不一致，则会出现提示，然后自动将两个文本框置为空，光标回到登录密码后的文本框中等待重新输入。

5）选中表单，添加“检查表单”行为，每个域都设为“必需的”。

6）添加“插入记录”服务器行为，设置如图 4-4 所示。

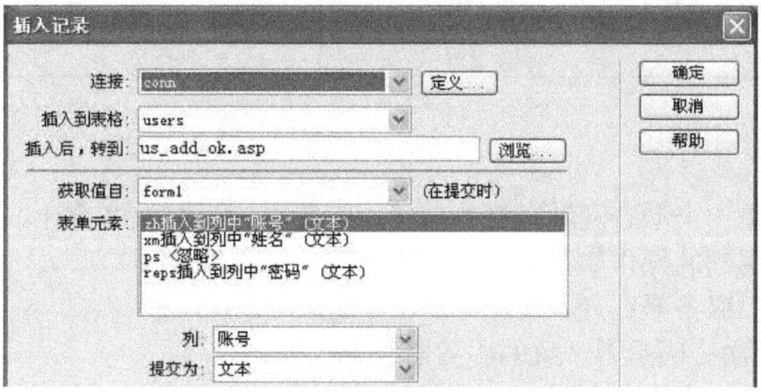

图 4-4　设置“插入记录”参数

7）添加“检查新用户名”服务器行为。设置如图 4-5 所示。

图 4-5　注册时的检查新用户参数

8）最后的设计结果如图 4-3 所示。预览效果如图 4-6 所示。

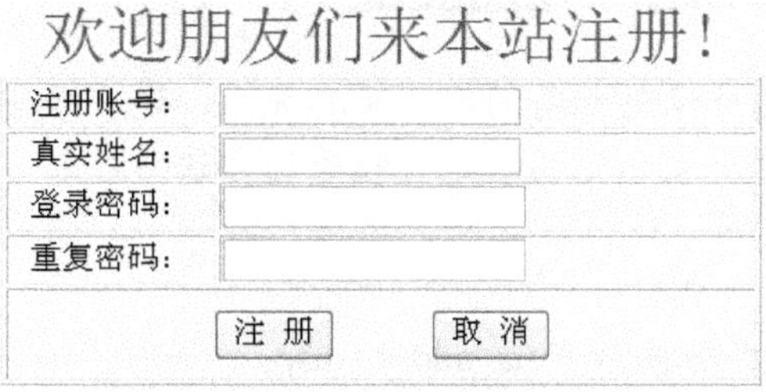

图 4-6　用户注册预览效果

这几个网页设计好后，保存预览测试一下。

在 users 表中，字段“审核”的默认值是“未通过”，因此，刚注册而没有审核通过的用户是不能成功登录的。

在预览时，多注册几次，并且使用刚注册的账号注册。

任务评价

本任务的操作方法已经讲过，这里只是将前面学过的知识用来处理用户注册问题。

内　　容	分　　值	自　　评	师　　评
注册成功页的编辑	10		
注册失败页的编辑	10		
注册表单的规划编辑	20		
检测两次密码的一致性	20		
添加“检查表单”服务器行为	10		
“插入记录”服务器行为	20		
“检查新用户名”服务器行为	10		
合　　计	100		

知识点

用户注册几乎是一个动态网站必有的功能，因此，应仔细做好设计。

用户注册主要用到的操作如下。

1）“插入记录”服务器行为。

2）添加检测两次密码是否一致的服务器行为代码。

3）“检查新用户名”服务器行为。

4）添加“检查表单”服务器行为。

触类旁通

使用数据库 study.mdb，认真规划设计有用户注册功能的网页，建立友好的浏览界面。

实习 1　设计制作用户注册页面

实习目标：理解掌握用户注册所需的网页及其关系，进一步学习“插入记录”服务器行为的使用方法，掌握判断两个文本框的值是否相等的方法。

实习课时：2。

实习过程：

1）设计制作用户注册成功提示页 us_add_ok.asp。

2）设计制作用户注册失败提示页 us_add_wrong.asp。

3）设计制作用户注册页 us_add.asp。

① 修改标题。

② 插入表单，在表单中插入表格规划表单。

③ 编辑表单。输入提示标签、插入文本框并命名、编辑按钮。

④ 添加检查两次密码是否一致的 Javascript 代码。

⑤ 检查表单。

⑥ 插入记录。

⑦ 检查新用户名。

4）预览测试。

学习评价：

____

____

学习反思：

____

____

任务 2　设计用户管理页面

学习目标：学习用户管理的有关网页的设计方法，让管理员方便地管理用户。学习整体考虑问题的方法。

学习重点：设计用户管理的功能。

学习难点：全面整体思考问题。

学习方法：多学习、多实践、多思考。

学习课时：2。

任务情境

用户注册后不能马上登录。用户要在什么时候才能正常登录呢？用户注册后，网站还要对它进行怎样的处理呢？

对于一个网站来说，不能让注册用户立即就能登录，网站的管理人员还要对其进行必要的审查管理。

任务分析

管理员还要对用户进行审核。当审核通过后，管理员将注册用户的“审核”字段的值从“未通过”改为“通过”，注册用户就可以正常登录了。

除了审核外，管理员还可以对注册用户的信息进行修改和删除操作处理。

对注册用户进行管理的网页包括用户管理页 us_admin.asp、用户修改页 us_edit.asp、用户删除页 us_del.asp、用户审核页 us_shen.asp 和审核结果页 us_shen_ok.asp。

任务实施

打开网站，进入后台，浏览用户管理的 5 个网页。

在这里，详细讲解一下在后台管理中有关用户管理网页的设计操作。

1. 编辑用户管理页 us_admin.asp

打开用户管理页 us_admin.asp，将标题改为“用户管理”。

1）在网页中插入 1 个 3 行 3 列的表格规划网页的主体部分。

2）编辑表格，效果如图 4-7 所示。

图 4-7 输入表格中的提示信息

3）绑定记录集 us，对话框如图 4-8 所示。在设置此对话框时，因为这里筛选的记录是“通过审核的普通用户”，条件有两个，所以，筛选“类型=输入的值普通用户”后，再单击右侧的“高级”按钮，在“SQL”文本框中将代码改成图 4-8 中的代码。实际上就是把“where”所在的第 3 行改为“WHERE 类型 ='普通用户' AND 审核='通过'”，删除了 Dreamweaver 软件自动产生的参数 MMColParam，其余不变。

图 4-8 修改查询条件

4）把相应字段插入到表单中。然后为第 2 行添加“重复区域”服务器行为。最后在第 3 行中添加“记录集导航条”和“记录集导航状态”，结果如图 4-9 所示。

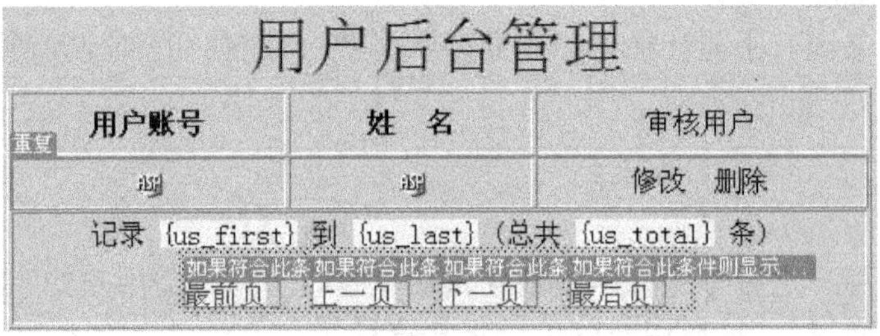

图 4-9 插入字段、重复区域、导航信息

5）添加超链接。为“审核用户”添加一般超链接转到 us_shen.asp，为“修改”添加“转到详细页面”超链接转到 us_edit.asp，参数为 bh；为“删除”添加“转到详细页面”超链接转到 us_del.asp，参数为 bh。结果如图 4-10 所示。

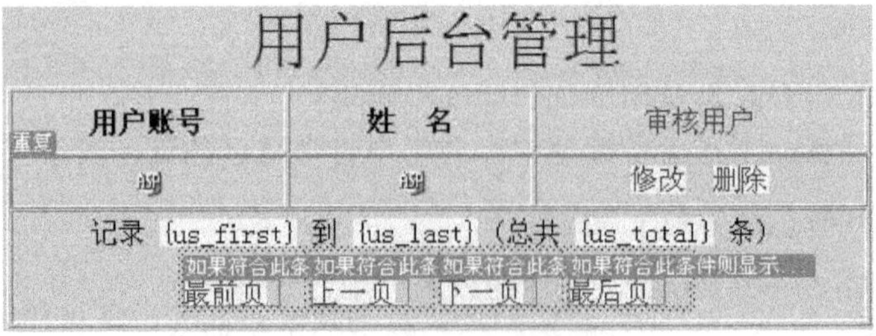

图 4-10 添加正确的超链接

6）预览测试，如图 4-11 所示。

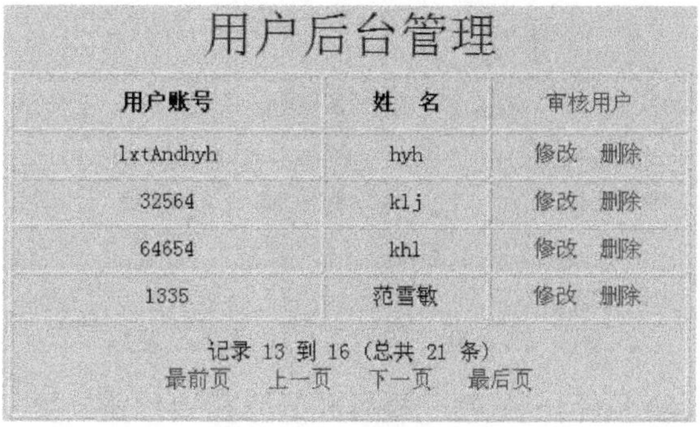

图 4-11 预览效果

2. 编辑用户修改页 us_edit.asp

打开用户修改页 us_edit.asp，将标题改为“修改用户”。

1）在主体中添加表单 form1，在表单中插入 1 个 4 行 4 列的表格来规划表单。

2）用上级网页传递来的参数 bh 绑定记录集 eus，对话框中的设置如图 4-12 所示。

3）编辑表单。在表格中插入编号、日期字段，姓名和密码字段是与文本框绑定的，为文本框命名，“姓名”为“xm”，“密码”为“ps”；为下拉列表框命名，“审核”为“sh”，“类型”为“nx”。“审核”列表框的值为“未通过”和“通过”，默认值为“通过”。“类型”列表框的值为“普通用户”和“管理员”，默认值为“普通用户”。结果如图 4-13 所示。

图 4-12 绑定修改用户记录集

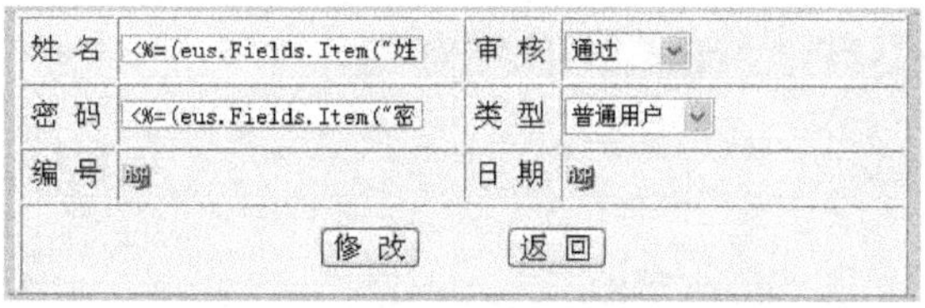

图 4-13 编辑修改用户信息表单

4）添加“更新记录”服务器行为，设置如图 4-14 所示。

5）设计好的用户信息修改表单如图 4-15 所示。

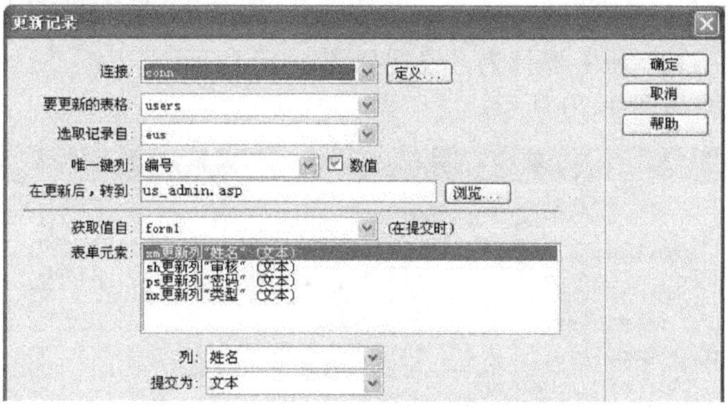

图 4-14 设置用户信息“更新记录”参数

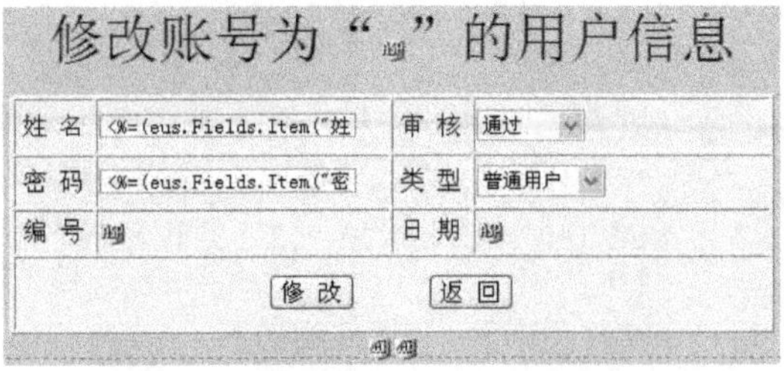

图 4-15　设计好的用户信息修改表单

6）保存预览如图 4-16 所示。注意，本网页不能直接预览，要从用户管理 us_admin.asp 的预览页面中单击任意一个“修改”而跳转。

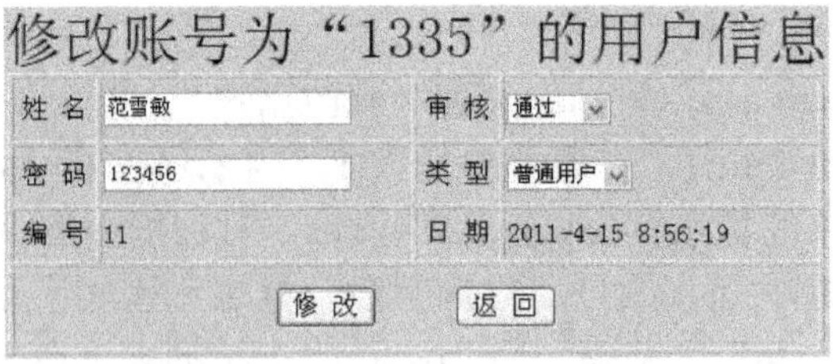

图 4-16　预览用户信息修改表单

3．编辑用户删除页 us_del.asp

打开用户删除页 us_del.asp，将标题改为“删除用户”。

1）在主体中添加表单 form1，在表单中插入 1 个 4 行 4 列的表格来规划表单。

2）用上级网页传递来的参数 bh 绑定记录集 dus，设置如图 4-17 所示。

3）编辑表单。在表格中插入记录集 dus 中的所有字段，结果如图 4-18 所示。

图 4-17　绑定删除用户记录集

图 4-18　编辑删除用户表单

4）添加“删除记录”服务器行为，设置如图 4-19 所示。

5）设计好的页面如图 4-20 所示。

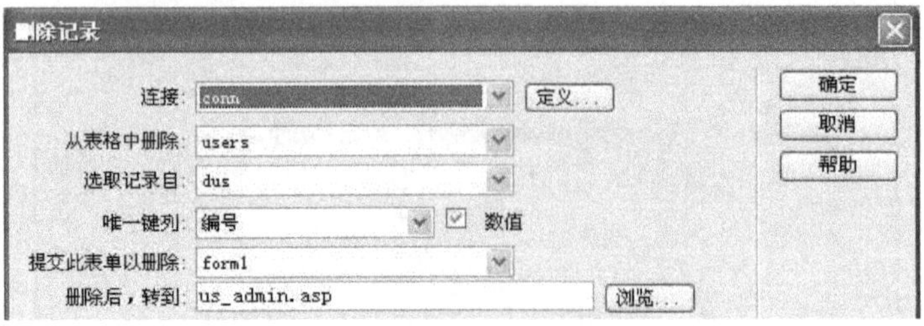

图 4-19　设置删除用户记录参数

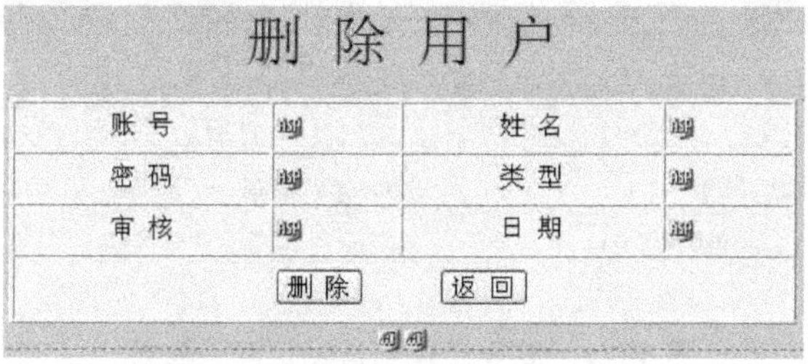

图 4-20　设计好的删除用户表单

6）保存预览。

4．编辑用户审核部分网页

1）打开用户审核页 us_shen.asp，将标题改为“用户审核”。绑定记录集 shen，对话框中的设置如图 4-21 所示。注意，“筛选”为“审核”“=”“输入的值”“未通过”。

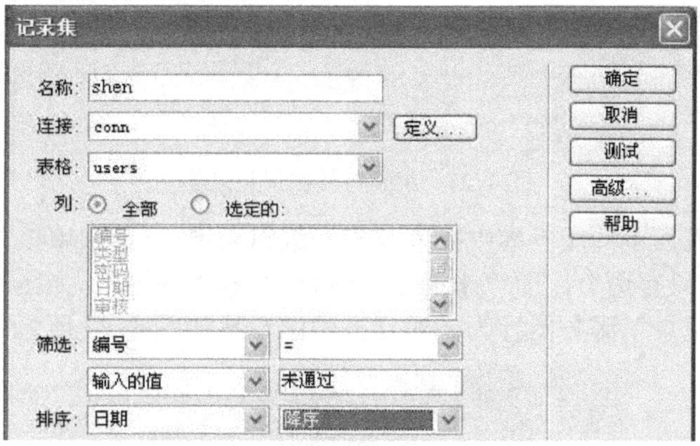

图 4-21　绑定审核用户记录集

2）在主体部分的上部输入一行类似“没有用户需要审核”的提示文字，下部用表格规划，用以显示要审核的用户的提示信息，如图 4-22 所示。

3）在上部添加“记录集为空则显示”的服务器行为。编辑好下部区域中的表格，为下部的表格添加“记录集不为空则显示”的服务器行为。编辑结果如图 4-23 所示。

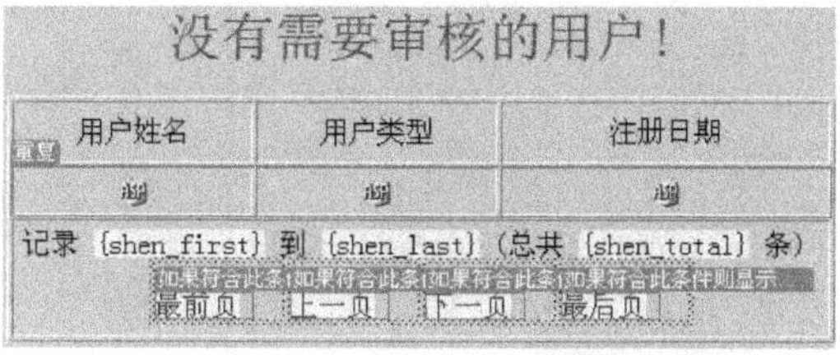

图 4-22　编辑审核网页的两部分内容

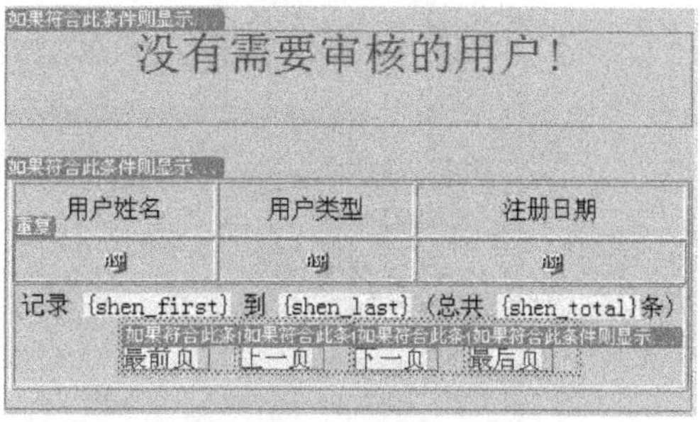

图 4-23　分别添加不同的显示区域行为

4）为{shen.姓名}添加“转到详细页面”服务器行为，设置如图 4-24 所示。

5）打开用户审核页 us_shen_ok.asp，将标题改为“审核结果”。绑定记录集 shj，对话框中的设置如图 4-25 所示。

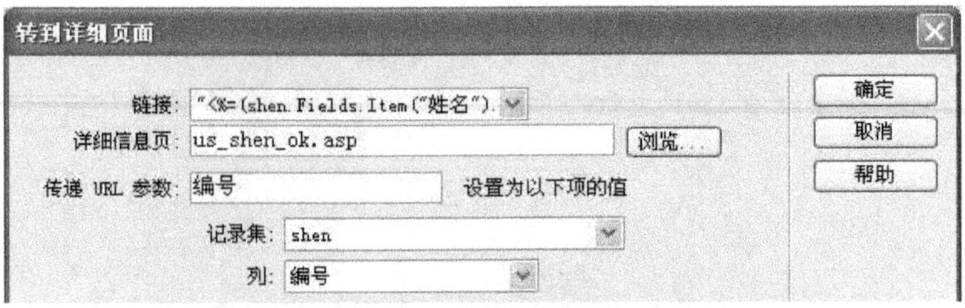

图 4-24 设置“转到详细页面”参数

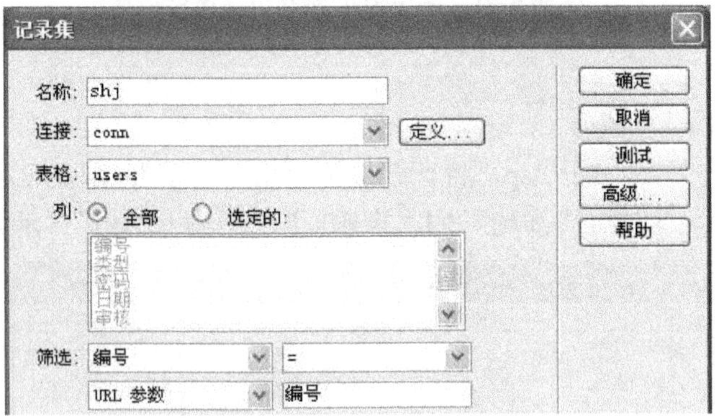

图 4-25 绑定审核结果记录集

6）在主体中插入表单，在表单中插入表格，编辑表单。“请求审核”是用下拉列表框来设计的，它的列表值只有两个，即“未通过”（默认）和“通过”，如图 4-26 所示。

7）添加“更新记录”服务器行为。对话框中的设置如图 4-27 所示。

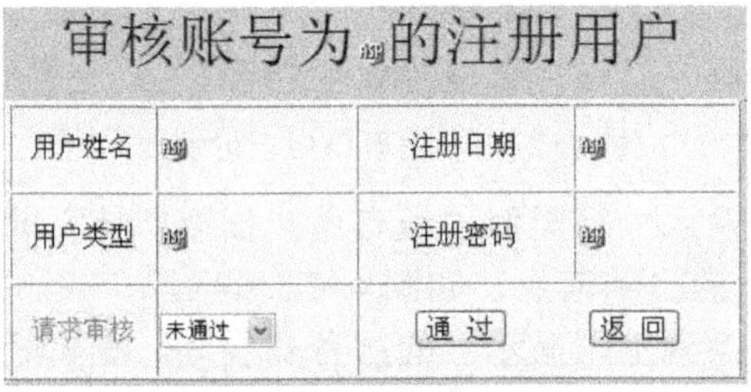

图 4-26 编辑审核表单

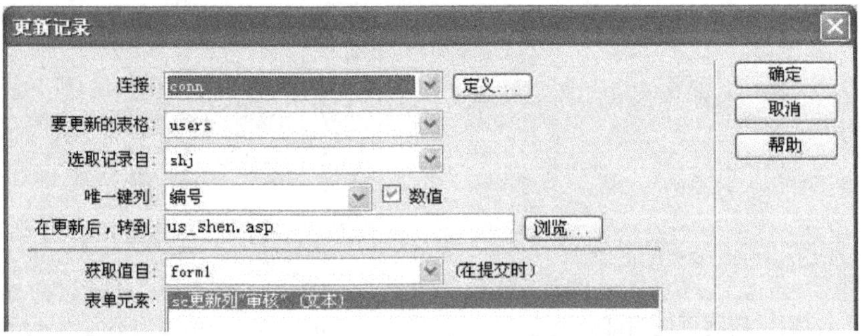

图 4-27 设置更新记录参数

5．保存测试

逐一对用户管理的三大功能进行测试。

任务评价

本任务主要是对之前学过的知识的简单应用。

内　容	分　值	自　评	师　评
规划编辑 us_admin.asp	20		
规划编辑 us_edit.asp	30		
规划编辑 us_del.asp	20		
规划编辑 us_shen.asp	15		
规划编辑 us_shen_ok.asp	15		
合　计	100		

知 识 点

用户的管理对网站的安全来说是很重要的。特别是用户修改，一定不能把普通用户改成了管理员。还要注意，及时对注册用户进行审核。

设计用户管理的功能可以从以下几个方面来考虑。

1）后台用户管理页 us_admin.asp 的设计。

2）修改用户注册信息页 us_edit.asp 的设计。

3）删除用户注册信息页 us_del.asp 的设计。

4）审核注册用户页 us_shen.asp 的设计。

5）审核结果页 us_shen_ok.asp 的设计。

触类旁通

使用数据库 study.mdb，设计后台用户管理页及其相关页面，建立好各种链接关系，处理好各个参数。

实习 2　设计制作用户管理页面

实习目标：设计用户管理主页面的管理功能，制作各相关网页。

实习课时：2。

实习过程：

1）用户后台管理主页面 us_admin.asp 的制作。

① 绑定记录集。

② 插入表格规划主页面。

③ 输入所需操作的提示文字，将提示性字段插入到页面中。

④ 添加重复区域。

⑤ 添加记录集导航条和导航状态。

⑥ 创建适当的超链接。

2）设计用户修改页面 us_edit.asp。
① 绑定记录集。
② 添加表单，规划编辑表单（字段与文本框绑定）。
③ 添加“更新记录”服务器行为。
3）设计用户删除页面 us_del.asp。
① 绑定记录集。
② 添加表单，规划编辑表单（将字段插入到表单中，不用文本框）。
③ 添加“删除记录”服务器行为。
4）设计用户审核页面 us_shen.asp。
① 绑定记录集。
② 将主体部分规划成两个区域：记录集为空的提示区域、记录集不为空的操作区域。
③ 分别编辑两个区域，并添加相应的“显示区域”服务器行为。
④ 对记录集不为空的操作区域的规划编辑。
5）设计用户审核结果页面 us_shen_ok.asp。
① 添加表单，规划和编辑表单。
② 添加“更新记录”服务器行为。

学习评价：

____

____

学习反思：

____

____

任务 3　设计用户登录页面

学习目标：学会用户登录网页的设计方法，修改相关页面的提示信息及添加相应的操作。学习整体考虑问题的方法。

学习重点：设计用户登录页面及相应网页中的提示。

学习难点：相应网页中的提示，修改“登录用户”代码段中的代码。

学习方法：多操作，多思考，再实践。

学习课时：2。

任务情境

用户自己在网站上注册，管理员对注册用户进行了审核，现在，通过审核的注册用户就可以登录了。登录网站的功能如何设计呢？登录后，是否可以正常退出呢？这时就可以使用“登录用户”和“注销用户”功能。

任务分析

根据任务情境，主要有 3 个页面需要编辑：首页 index.asp 中左上角的用户登录与注册区域；专门用于用户登录的页面 login.asp；显示注册用户信息网页 us_infor.asp。另外，页面中的提示信息会根据用户登录的情况有所不同，这也是在本任务中要解决的问题。

任务实施

打开网站，演示用户登录和退出过程，仔细观察用到了哪些网页，思考如何完成任务。

1．首页中的用户登录与注册区域的编辑

1）打开首页 index.asp，规划好网页。

2）首页主体是 1 个 1 行 3 列的表格，在左边第 1 个单元格中插入 1 个 2 行 1 列的表格，再在左上角的单元格中插入 1 个 2 行 1 列的表格，在最后这个表格的第 2 行插入 1 个表单 form1。

3）在表单 form1 中插入 1 个 3 行 2 列的表格来规划表单。将第 3 行合并为 1 个单元格。添加表单元素。

4）编辑表单。将用户名后的文本框命名为 name，密码后的文本框命名为 ps。

5）设置按钮属性。将“提交”按钮的值改为“登录”；将“重置”按钮的值改为“注册”，动作选为“无”，再在代码视图中加上一段代码 onclick= "location.href='us_add.asp'"，结果如图 4-28 所示。

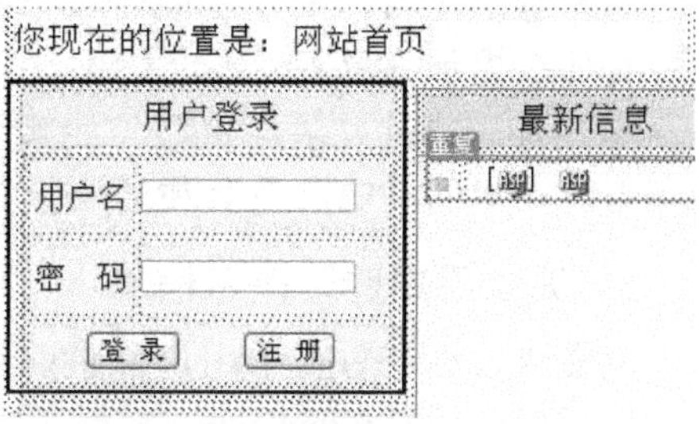

图 4-28　在首页中规划用户登录区

6）选中表单 form1，在“应用程序”面板中的“服务器行为”选项卡中单击增加按钮+，在弹出的菜单中选择“用户身份验证”→“登录用户”命令，如图 4-29 所示。弹出的对话框设置如图 4-30 所示。访问级别中选择“审核”字段。在首页中登录失败就自动转到用于登录的网页重新登录。

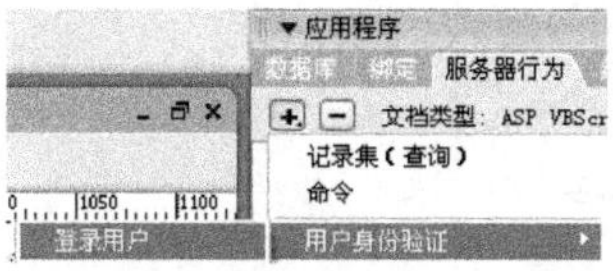

图 4-29　添加示例用户行为

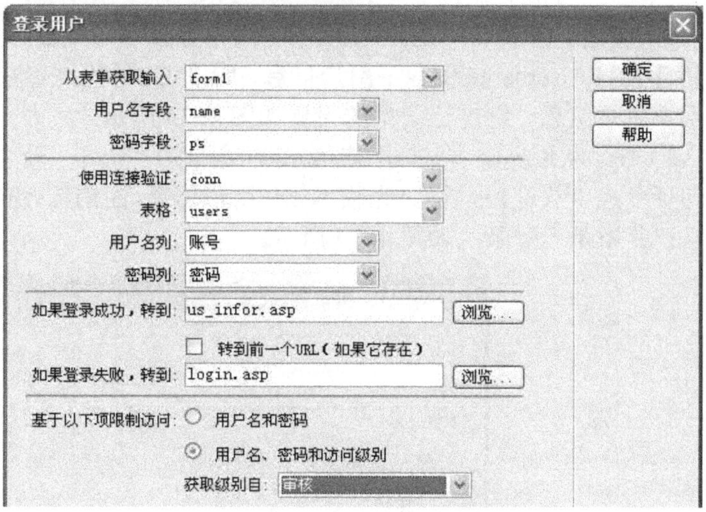

图 4-30　设置登录用户参数

7）修改登录用户代码。这里更改了部分代码：将原来的一行代码“MM_loginSQL= MM_loginSQL & " FROM users WHERE 账号=? AND 密码=?"”增加了几个字符，“and 审核='通过'”，变成了“MM_loginSQL=MM_loginSQL &" FROM users WHERE 账号=? AND 密码=? and 审核='通过'"”，表示审核“通过”了的注册用户才能登录。

注意

代码字符增加后，在“服务器行为”中就找不到“登录用户”行为了。

8）保存预览测试。

2. 用户登录页 login.asp 的编辑

打开网页 login.asp，将标题改为“登录用户”。这个网页的功能与前面所述的登录与注册区域的功能相似，用来让注册用户登录的。设计方法也十分相似，这里就不再详述了，效果如图 4-31 所示。

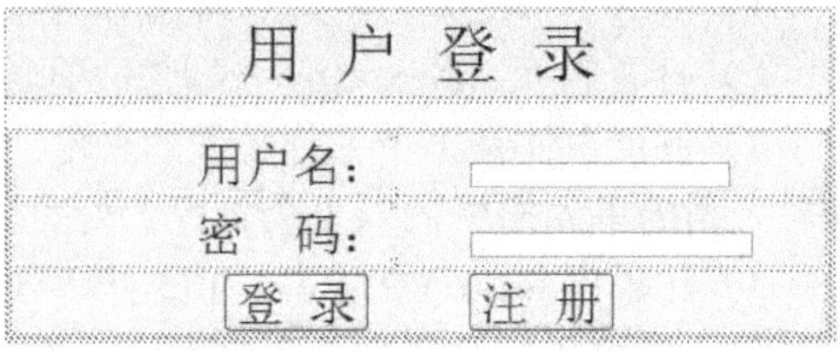

图 4-31　设计好的用户登录页

用户登录与否，浏览者能否看出来呢？或者是否有什么提示信息呢？

当然有，并且登录与否还与能实现的功能多少有关。在本网站中，只有注册用户登录了网站，才可以留言、评价网站和查看学习成绩。

3. 编辑用户登录提示信息

现在来设计在首页中用户登录前后的区别。

1）打开首页 index.asp，在网页上部的中间位置输入两句不同的文字。如“你还没有登录!”与“欢迎光临本站! 用户信息 注销”，如图 4-32 所示。

图 4-32　编辑用户登录提示信息

2）绑定记录集 us。因为使用了“用户登录”服务器行为后，系统内存中自动用一个阶段变量 MM_Username 保存了用户信息，所以可以利用它绑定用户表 users 中的记录，从而提示用户登录信息。绑定记录集的设置如图 4-33 所示。

3）在“欢迎光临本站! 用户信息 注销”的“欢迎”两个字后面插入姓名字段{us.姓名}，此句话变成“欢迎{us.姓名}光临本站! 用户信息 注销”。这样，用户一看到此信息就能判断出自己是不是已登录，如图 4-34 所示。

图 4-33　绑定登录用户记录集

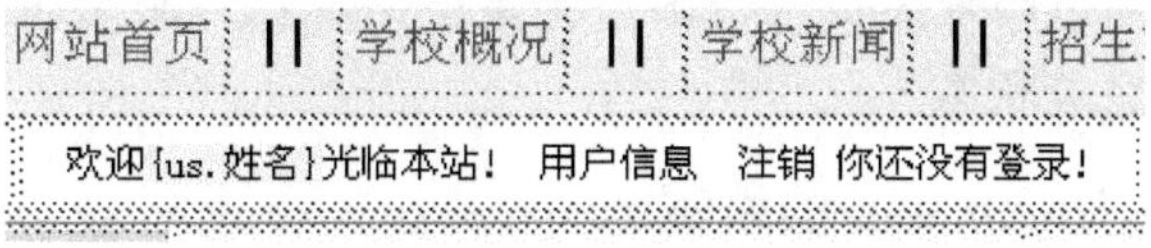

图 4-34　插入登录用户的姓名字段

4）还要添加两个“显示区域”服务器行为。选中“你还没有登录!”，在“应用程序”面板中的“服务器行为”选项卡上单击增加按钮，在弹出的菜单中选择“显示区域”→“如果记录集为空则显示区域”命令，如图 4-35 所示。弹出的对话框如图 4-36 所示，这里要选择表示用户登录的那个记录集 us。

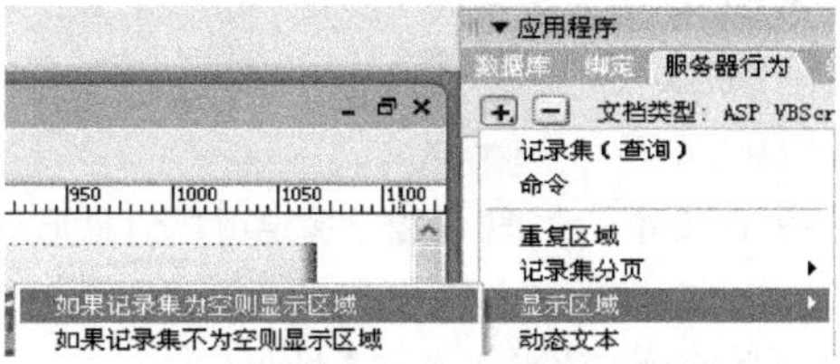

图 4-35　添加未登录“显示区域”服务器行为

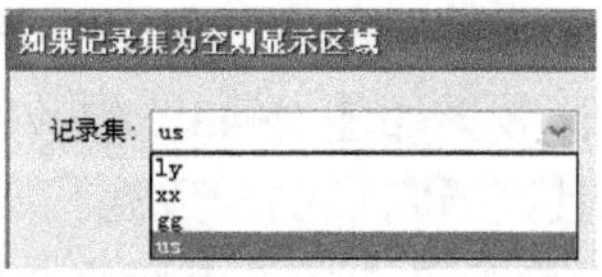

图 4-36　为未登录“显示区域”选择记录集

选中“欢迎{us.姓名}光临本站! 用户信息 注销”，在“应用程序”面板中的“服务器行为”选项卡上单击增加按钮，在弹出的菜单中选择“显示区域”→“如果记录集不为空则显示区域”命令，如图 4-37 所示。弹出的对话框如图 4-38 所示，这里也要选择记录集 us。

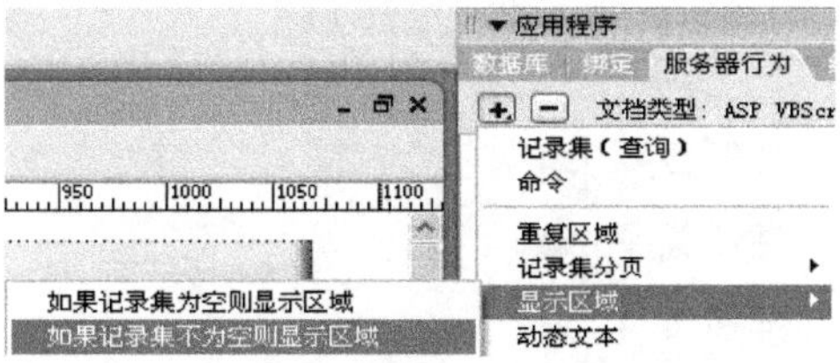

图 4-37　添加已登录“显示区域”服务器行为

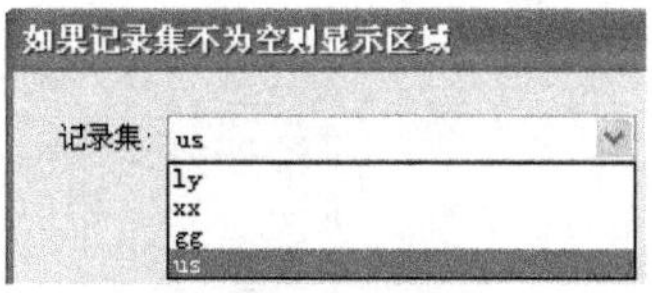

图 4-38　为已登录“显示区域”选择记录集

5）添加“注销用户”服务器行为。选中“注销”，在“应用程序”面板中的“服务器行为”选项卡上单击增加按钮，在弹出的菜单中选择“用户身份验证”→“注销用户”命令，如图 4-39 所示。弹出的对话框如图 4-40 所示。

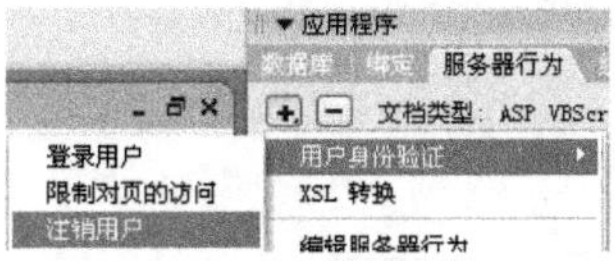

图 4-39　添加“注销用户”服务器行为

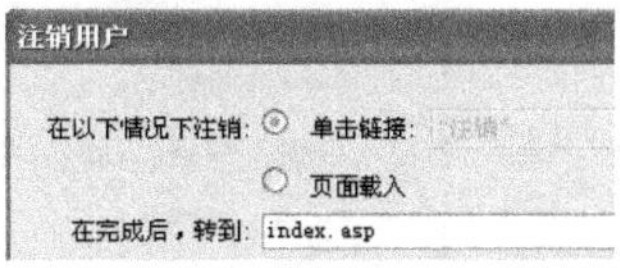

图 4-40　设置“注销用户”对话框

6）最后，选中“用户信息”4 个字，为它添加到用户信息页 us_infor.asp 的一般超链接。在经过以上设置后，首页的登录提示区域如图 4-41 所示。

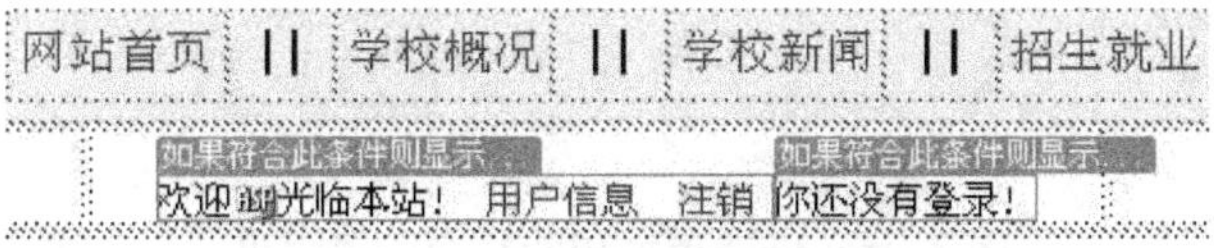

图 4-41　编辑好的登录提示区

以后，在绝大多数网页中都应该绑定用户登录记录集 us，增加两个显示区域，让浏览者随时都可以了解自己的登录状态。

4. 用户信息页 us_infor.asp 的编辑

1）打开信息页 us_infor.asp，将标题改为“用户信息”。

2）绑定记录集 inf，“筛选”为“账号”“＝”“阶段变量”“MM_username”。绑定对话框如图 4-42 所示。

图 4-42　绑定用户信息记录集

3）在主体中添加表单 form1，在表单中插入 1 个 4 行 4 列的表格来规划表单。

4）编辑表单。输入必要的提示信息，在表格中插入一些字段，添加两个文本框，即取名为 xm 的显示和修改用户姓名的文本框，取名为 pswd 的显示和修改用户密码的文本框。设计效果如图 4-43。修改密码也可以设计为两个文本框，并且判断它们的一致性。

5）为表单添加“更新记录”服务器行为。此行为的设置如图 4-44 所示。

这个网页设计好以后，注册用户就可以随时登录，修改自己的姓名和密码等注册信息，特别是可以方便地修改自己的登录密码。

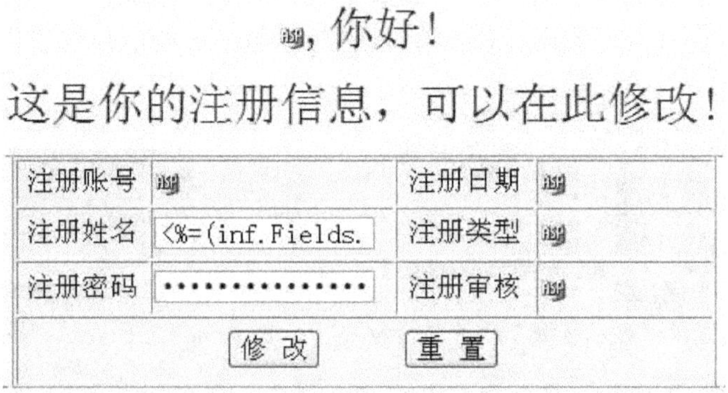

图 4-43　用户信息显示修改页面

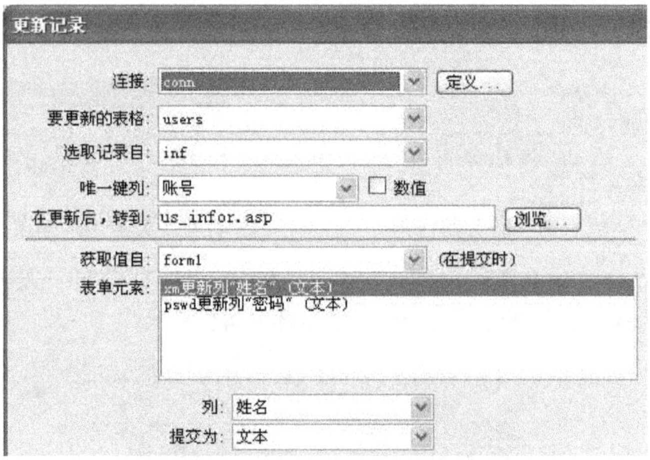

图 4-44　设置更新用户信息记录参数

任务评价

完成本任务用到了几个新知识，即登录用户及其代码修改、注销用户、阶段变量。

内　容	分　值	自　评	师　评
编辑首页中的注册登录区域	20		
添加“登录用户”服务器行为	10		
修改登录用户条件代码	10		
编辑用户登录页 login.asp	10		
编辑用户登录提示信息	20		
添加“注销用户”服务器行为	10		
编辑用户信息页 us_infor.asp	20		
合　计	100		

知 识 点

用户登录是注册用户很看重的部分，界面要设计得尽量友好。

相关编辑主要如下。

1）规划编辑首页中的用户登录与注册区域，理解掌握“登录用户”服务器行为，修改登录用户的条件代码以达到安全要求。

2）规划编辑用户登录页 login.asp。

3）编辑用户登录提示信息，让用户了解自己的登录状态，理解掌握“注销用户”服务器行为。

4）规划编辑用户注册信息的显示与修改页，在此可以修改登录密码。

5）在有关页面中，编辑用户登录与否的不同提示。

触类旁通

使用数据库 study.mdb，设计好用户登录的相关页面及用户登录与否的相关提示信息，思考如何才能让用户使用更方便、网站信息更安全。

实习 3　设计制作用户登录页面

实习目标：编辑用户登录相关页面，编辑用户登录与否的提示信息。

实习课时：2。

实习过程：

1）设计制作用户登录网页 login.asp。

① 添加表单，规划编辑表单。

② 添加“登录用户”服务器行为，并修改有关代码，审核通过的用户才能登录。

③ 编辑 2 个按钮，为“注册”按钮修改功能代码。

2）设计制作用户信息显示与修改页 us_infor.asp。

① 绑定记录集。

② 插入表单，规划编辑表单。

③ 添加“更新记录”服务器行为。

④ 添加“注销用户”服务器行为。

3）在首页中编辑用户登录区域。

① 在首页的一个规划区域中，像 login.asp 一样制作该区域。

② 绑定检查用户登录与否的记录集。

③ 修改首页中有关登录与否的提示信息，并为它们分别添加“显示区域”服务器行为。

学习评价：

____

____

学习反思：

____

____

任务 4　设计成绩查询页面

学习目标：掌握动态站点中查询个人成绩的方法。熟练设计制作成绩查询页 cj_search.asp 及相应的成绩显示页 cj_view.asp。

学习重点：一、二级页面间的链接；用登录用户的方法查询成绩。

学习难点：登录用户代码段中阶段变量名的修改。

学习课时：1。

任务情境

在项目 3 中，已经讲过成绩查询的方法，但那种方法很多学生都不喜欢。因为，只要打开网站，全部学生的成绩就一览无余，一点隐私都没有。因此，就要另外想办法，使学生只能查看自己的成绩，不能随意看到别人的成绩。

任务分析

在任务 3 中，可以发现，利用用户名和用户密码可以登录用户，从而能找到登录用户的信息。那么是否可以用同样的办法，让每个人只能看到自己的成绩呢？

回答是肯定的。本任务就是利用登录用户的办法，根据学生的学籍号和密码来查询成绩。操作涉及的网页有 3 个，即首页 index.asp、成绩查询页 cj_search.asp 和成绩显示页 cj_view.asp。这里用的数据表是 chengji，不是用户登录时的 users。

先浏览一下成绩查询的过程，注意看清它用到了哪些网页，思考它们是怎样联系起来查出成绩的。

任务实施

成绩查询页 cj_search.asp 是在首页 index.asp 中，将“成绩查询”用一般超链接链接过来的网页，接下来编辑它。

1. 编辑成绩查询页 cj_search.asp

1）打开成绩查询页 cj_search.asp，将标题改为“成绩查询”。

2）用表格规划网页。

3）在主体中插入表单 form1，在表单中插入 1 个 4 行 2 列的表格来规划表单，将第 4 行合并为 1 个单元格。

4）编辑表单。在表单中，输入必要的提示信息，添加相应的文本框并命名，添加两个表单按钮并作必要的设置。

5）为表单添加“登录用户”服务器行为。设置对话框如图 4-45 所示。

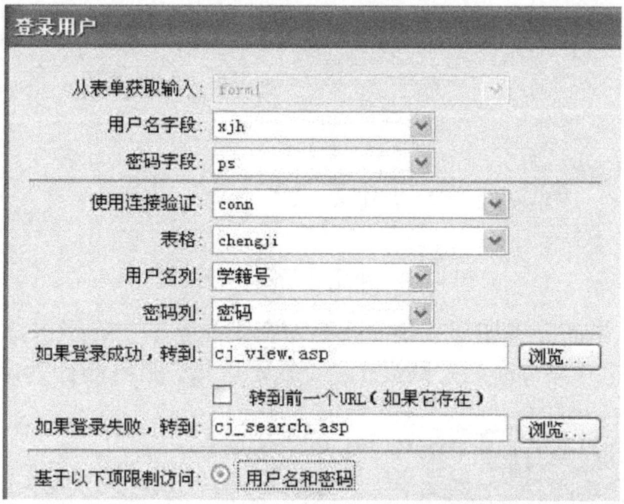

图 4-45　添加“登录用户”服务器行为

6）修改登录用户代码段中保存学籍号的阶段变量名。因为在本站的其他网页中已经用到了“登录用户”服务器行为，且“登录用户”的账号信息要进行长期的保存，而保存登录用户的账号信息的阶段变量名与刚才“登录用户”中所用到的是一样的，都是 MM_Username。为了不与真正的登录用户混淆，所以，把这次“登录用户”中的那个阶段变量名改成 MM_xjh。这要在代码视图中完成。代码修改前后的对比如图 4-46 所示。

7）表单的最后效果如图 4-47 所示。

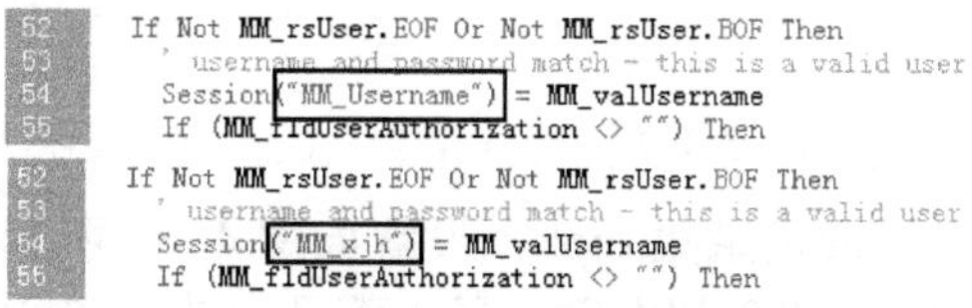

图 4-46　修改代码中的阶段变量

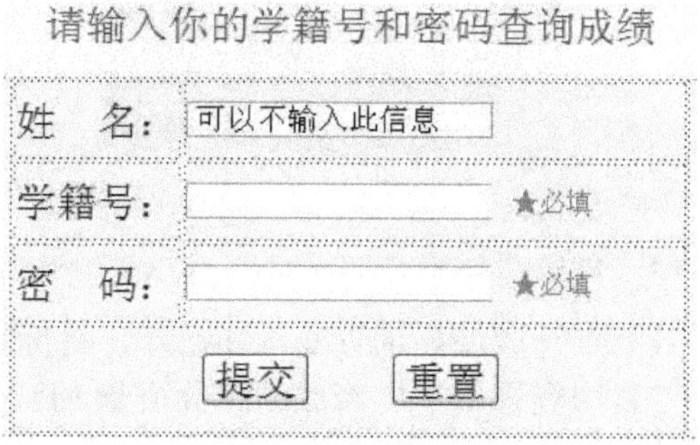

图 4-47　成绩查询表单

8）添加“显示区域”服务器行为。

成绩查询不是任何浏览者都能查到的，只有合法的注册用户才可以。因此，本功能可能有些浏览者是不能实现。在网页设计时，如何体现这个区别呢？这就要再次用到前面学习过的“显示区域”服务器行为了。

① 在网页主体下部，再添加一个表格来显示未登录用户查询成绩时的提示信息。

② 利用用户登录时，网站自动保存的阶段变更 MM_Username 筛选绑定记录集 cus 来判断用户是否登录网站。绑定记录集的设置如图 4-48 所示。

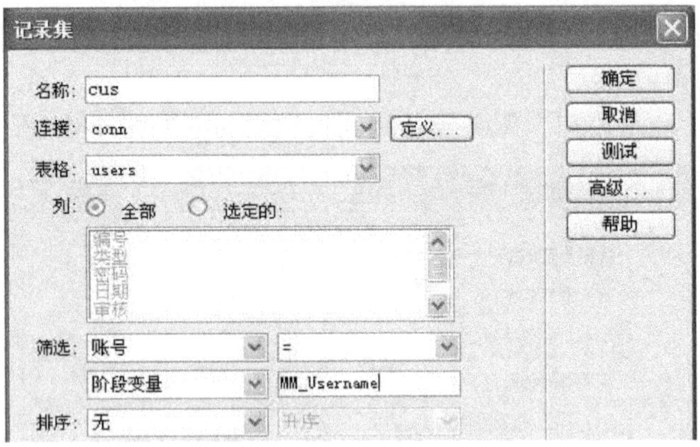

图 4-48　绑定登录用户记录集

③ 在网页中的主体上部添加记录集 cus 不为空则显示的“显示区域”服务器行为，在网页中的主体下部添加记录集 cus 为空则显示的“显示区域”服务器行为，结果如图 4-49 所示。

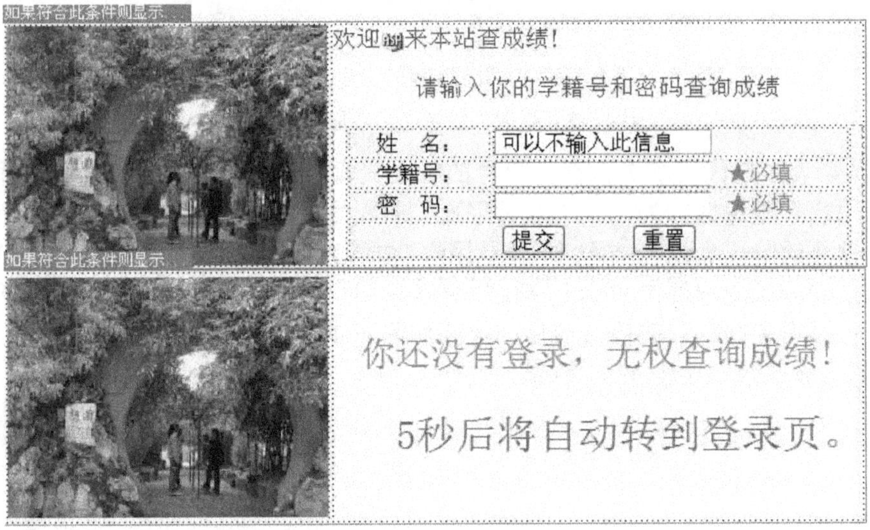

图 4-49　添加“显示区域”服务器行为

2．编辑成绩显示页 cj_view.asp

1）打开成绩显示页 cj_view.asp，将标题改为“成绩显示”。

2）用登录用户中修改的阶段变量 MM_xjh 绑定成绩记录集 cjok，设置如图 4-50 所示。

3）规划网页。在主体中显示记录集 cjok 中除密码外的全部字段。最下面是修改密码的表单，表单中是用 1 行 3 列的表格规划的，密码文本框的名称为 psw。编辑效果如图 4-51 所示。

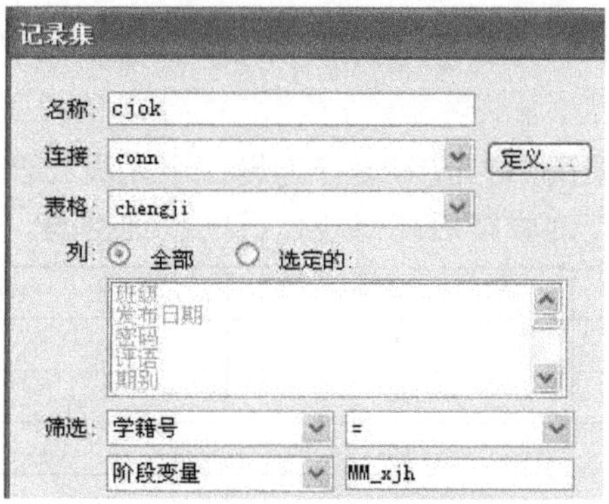

图 4-50　绑定要查询的成绩记录集

图 4-51　成绩查询结果

4）更新密码。对网页添加一个“更新记录”服务器行为，设置如图 4-52 所示。

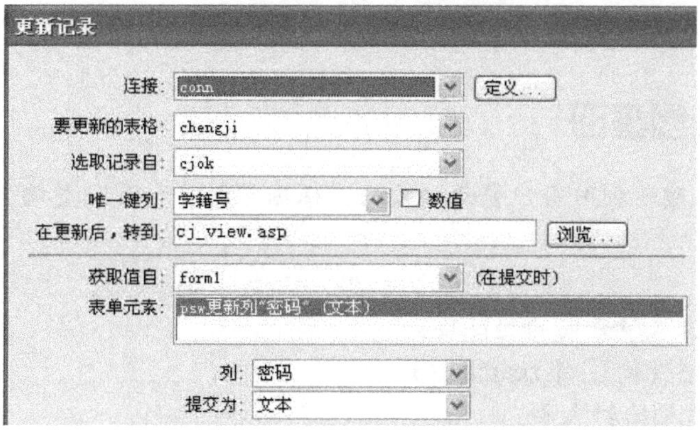

图 4-52　“更新记录”服务器行为

管理员在对每位同学录入成绩时，默认密码都是学籍号。因此，第 1 次查询成绩时，一定要将默认密码修改成安全的字符串，最多可以用 20 个字符。

至此，在本站查询成绩时，可以自由地修改查询成绩的密码。这样，就可以不让别人随意看到自己的成绩了。

任务评价

本任务主要是利用“登录用户”服务器行为设计个人成绩查询的有关网页。注意，修改“登录用户”的阶段变量，查询成绩后能修改自己的查询密码。

内　容	分　值	自　评	师　评
编辑成绩查询表单	30		
添加“登录用户”服务器行为	20		
修改登录阶段变量	10		
编辑成绩显示页	20		
设计更新查询密码功能	20		
合　计	100		

知 识 点

1）本任务所讲的查询成绩，是根据学生的学籍号和密码，利用“登录用户”服务器行为完成的。在其中，为了不与真正的登录用户混淆，修改了一个阶段变量 MM_xjh。

2）为了成绩查询时的个人信息安全，也要能随时修改查询成绩的密码。

3）在管理成绩时设计了一个成绩搜索修改页，在其中设计了搜索信息功能，还有 2 个任务用到了“登录用户”服务器行为，实际上，它们都是在查找信息。它们的区别就在于使用搜索功能查询信息时，只涉及数据表的一个字段；涉及数据表中 2 个或 3 个字段时就应该用“登录用户”服务器行为。

触类旁通

使用数据库 study.mdb，用不同的方法设计成绩查询功能，看哪种方法更适合自己。

实习 4　成绩查询

实习目标：能正确地利用用户登录的方法，根据学籍号和密码查询个人成绩。

实习课时：2。

实习过程：

1）在首页中建立成绩查询的超链接。

2）设计制作成绩查询页 cj_search.asp。

① 添加表单，规划编辑表单。

② 添加“登录用户”服务器行为，并修改保存学籍号的阶段变量名。

③ 绑定检查用户登录的记录集，添加“显示区域”服务器行为，使登录用户能够查询成绩。

3）设计制作成绩显示页 cj_view.asp。

① 用修改后的 MM_xjh 阶段变量绑定成绩表记录集。

② 将记录集中除了密码外的所有字段插入到网页中。

③ 设计成绩查询密码修改功能。

4）预览测试。

学习评价：

学习反思：

项目小结

在用户注册与登录项目中，进一步学习了 ASP 对数据的操作，学会了用户注册与登录的设计方法，掌握了对注册用户进行管理的有关功能的设计方法。还利用本项目的知识，重新编辑了成绩查询的功能，让学生不再为成绩保密担忧。

1）使用“插入记录”服务器行为设计用户注册功能。

2）使用“更新记录”服务器行为设计用户注册信息修改功能。

3）使用“删除记录”服务器行为设计用户注册信息删除功能。

4）使用“更新记录”服务器行为设计用户注册审核功能。

5）使用“用户登录”服务器行为设计用户登录功能。

6）使用“注销登录”服务器行为设计用户退出功能。

7）使用“更新记录”服务器行为设计用户修改功能。

8）使用“用户登录”服务器行为设计个人成绩查询功能。

在本项目中，还要注意几个地方的代码：在用户注册时检查两个密码框的值是否一致、用户登录时为安全而加的条件代码、查询个人成绩时修改保存学籍号的阶段变量。

实战强化

在数据库 study.mdb 中创建一个保存用户信息的数据表，创建一些动态网页，实现用户注册、审核、登录、修改和删除等功能。

习题

1. 填空题

1）为检查 2 个文本框输入是否一致而“调用 Javascript”行为的事件是（　　　　　）。

2）为了使注册用户的账号没有相同的，插入记录后，还应添加（　　　　　）服务器行为。

3）为了让审核通过的用户才能登录，为“登录用户”段代码中加入的代码是（　　　　）。

4）在网页中添加了“登录用户”服务器行为后，系统内存中用了一个阶段变量（　　　　）来保存成功登录的用户名信息。

5）用学籍号和密码查询成绩时用到了“登录用户”服务器行为，为了正确传递学籍号信息，将变量（　　　　）做了一定的修改。

2．判断题

1）在为检查 2 个文本框输入是否一致而“调用 Javascript”行为的文本框中输入“document.getElementById("ps").value= """”的语句的意思是将光标移到名称为“ps”的文本框中。（　　）

2）在“注册用户”网页中没必要添加“检查表单”服务器行为。（　　）

3）用户管理的主要任务就是对注册用户进行审核、修改和删除等操作。（　　）

4）因为在用户管理主页面中为“审核用户”添加的是一般超链接，所以为用户审核页绑定记录集时就不需要筛选条件了。（　　）

5）在服务器行为中既有“登录用户”，也有“注销用户”。（　　）

3．简答题

1）简述如何使用登录用户的用户名信息？

2）在一个网页中，如何正确显示用户登录与否的提示信息？

实训项目 2　用 户 管 理

实训目标：综合运用所学知识，快速独立地规划设计以“用户管理”为主题的网站，熟练地完成有关网页的编辑任务，在规定的时间内制作好一个相对完整的网站。

实训课时：6。

实训满分：100 分。

实训过程：

1）创建合理的文件夹，创建数据库表：用户表。（8 分）

在 E:盘创建以年级班级代码和学号为文件名的网站根文件夹，再创建合理的网站文件夹。如 E:\2101\data。在 data 文件夹下创建 Access 数据库 student.mdb，建立用户（普通用户、未通过的记录至少 10 条记录，管理员、通过的记录至少 2 条记录）数据表，表结构见表 4-1。

表 4-1　用户表的表结构

字段名	编号	账号	姓名	密码	审核	日期	类型
类型	自动编号	文本	文本	文本	文本	日期/时间	文本
大小	长整递增	20	10	20	10	默认 now()	10
主键否	主键				默认值 “未通过”		默认值 “普通用户”

2）设置正确的 IIS，以“用户管理”为名定义正确的本地 ASP 动态站点，添加网站与数据库的正确连接代码。（10 分）

3）前台部分：用户注册、登录。（46 分）

① 编辑制作网站首页 index.asp。规划好页眉、主体和页脚，有合适的站标图和横幅图，有合理的导航栏（其中必须有链接到用户注册和管理登录的超链接），页脚中有正确的版权信息。

② 编辑制作用户注册页 us_add.asp。

③ 编辑制作用户登录页 us_login.asp。

④ 编辑制作用户信息显示与修改页 us_infor.asp：显示用户信息，只可修改密码。

⑤ 编辑制作相关网页用户登录提示与注销功能。

4）管理员登录、退出。（6 分）

① 编辑制作管理登录页 login.asp。根据账号和密码登录后台进行用户管理操作。

② 编辑制作管理员信息显示与修改页 ad_infor.asp。显示登录管理员的有关信息，并在这些网页中提供修改管理员信息的功能。

③ 在相关网页加上登录提示和注销功能。

5）后台部分：用户管理。（30 分）

① 编辑制作用户管理主页 us_admin.asp。能显示所有用户的提示；能链接到用户审核、删除页，并传递正确的参数到二级页面。

② 编辑制作用户审核页 us_shen.asp。实现用户审核功能，能直接返回到管理主页。

③ 编辑制作用户删除页 us_del.asp。实现用户删除功能，能直接返回到管理主页。

项目 5　制作留言与评价网页

本项目主要讲解用户留言和用户对网站评价的相关网页的规划设计过程及设计中的一些技巧。分为 3 个部分来讲解，即留言显示与签写、网站评价的显示与签写、留言与网站评价管理。

任务 1　显示与签写留言

学习目标：掌握留言显示与签写页的设计方法，理解如何控制留言签写。进一步学习对数据的操作方法。

学习重点：设计留言显示与签写页。

学习难点：用户登录检测与提示，显示刚才签写的留言。

学习方法：理解操作方法，反复训练。

学习课时：2。

任务情境

在互联网中，有很多网站都有留言功能，方便浏览者之间的交流。本书设计的网站能否实现网站的共同浏览者之间进行交流的功能呢？

利用前面学过的记录添加和查看知识就能达到此目的。

任务分析

本任务的设计内容主要包括有关留言的前台操作网页的设计方法和详细操作过程。网页文件有所有留言内容的显示与签写页面 ly_list.asp、按主题搜索到的留言的显示页面 ly_search.asp、在首页 index.asp 中的最新留言主题列表及其相应的留言详细页面 ly_view.asp。

打开网站，浏览一下相关网页，了解它们之间的链接关系，思考设计方法。

任务实施

1. 编辑页面 ly_list.asp

首先来编辑留言内容的显示与签写页面 ly_list.asp。在首页右下角有链接可以跳转到此网页。

1）打开网页 ly_list.asp，将标题改为“留言显示与签写”。

2）用表格规划网页。将主体分为上下两部分，上部分为留言内容列表显示区域，下部分为留言签写区域。

3）绑定用户登录检测记录集 us，设置如图 5-1 所示。

4）绑定留言表记录集 lly，设置如图 5-2 所示。

5）在主体的最上部输入用户登录与否的文字提示信息“欢迎{us.姓名}来留言！你没登录，不能签写留言！”

6）选中“你没登录，不能签写留言！”，为它添加记录集 us 为空则显示的“显示区域”服务器行为。选中“欢迎{us.姓名}来留言！”，为它添加记录集 us 不为空则显示的“显示区域”服务器行为。效果如图 5-3 所示。

7）在留言显示区域插入 1 个 4 行 4 列的表格，编辑此表格。输入必要的提示文字，插入相应的留言表记录集中的字段，为 1 条记录所在的前 3 行添加“重复区域”服务器行为，再在最后 1 行中添加记录集导航条和导航状态。结果如图 5-4 所示。

图 5-1　绑定用户登录记录集

图 5-2　绑定留言记录集

图 5-3　添加“显示区域”服务器行为

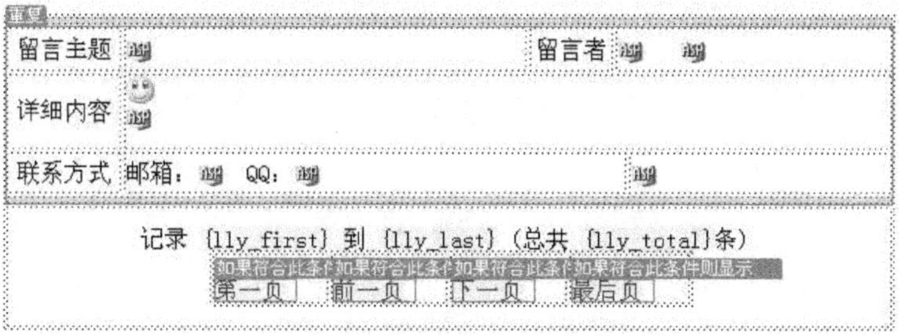

图 5-4　编辑好的留言显示区域

8）在留言显示区域下方设计签写留言区域。

① 插入 1 个名为 form1 的表单。

② 在表单中插入 1 个 4 行 6 列的表格来规划表单。

③ 在表格中输入必要的提示文字，添加表单文本框等元素。在留言者框中插入记录集 us 中的姓名字段，并在此再插入一个隐藏文本框 xm，绑定{us.姓名}。

④ 为表单添加“插入记录”服务器行为；插入后，转回本页，这样就可以在当前页的最上面看到刚才添加的留言了，设置如图 5-5 所示。网页效果如图 5-6 所示。

9）选中如图 5-6 所示的区域，为它添加一个记录集 us 不为空则显示的“显示区域”服务器行为，结果如图 5-7 所示。

10）查看预览效果。无用户登录时效果如图 5-8 所示，有用户登录时效果如图 5-9 所示。

11）在留言显示区域上方设计一个按留言主题搜索用户所关心的留言的功能。在一个单元格中插入一个表单 formly，在表单中添加一个名为“lyzt”的文本框和一个值为“搜索”的提交按钮，提交后转到 ly_search.asp。表单及其属性设置结果如图 5-10 所示。

图 5-5　设置插入留言参数

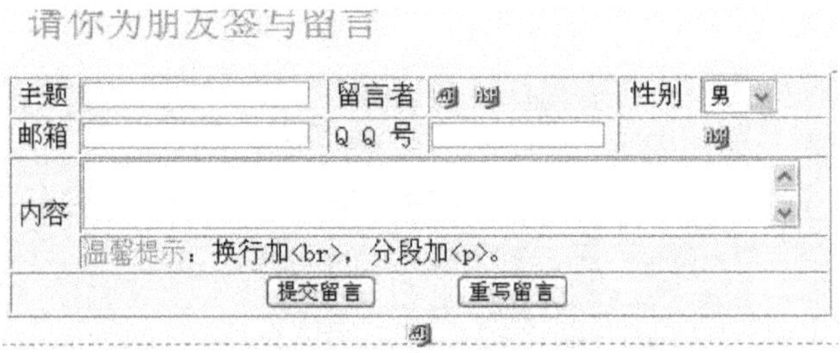

图 5-6　留言签写表单

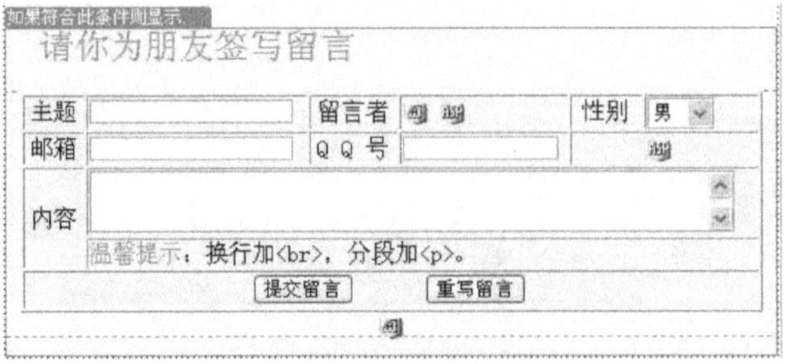

图 5-7　添加显示区域后的效果

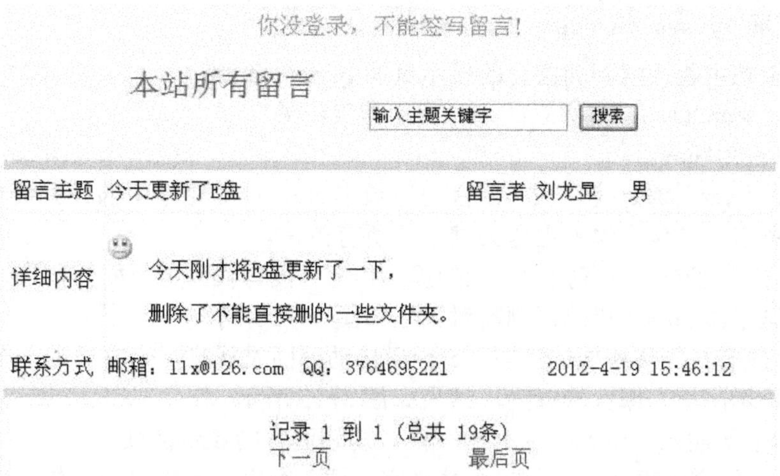

图 5-8　未登录时的效果

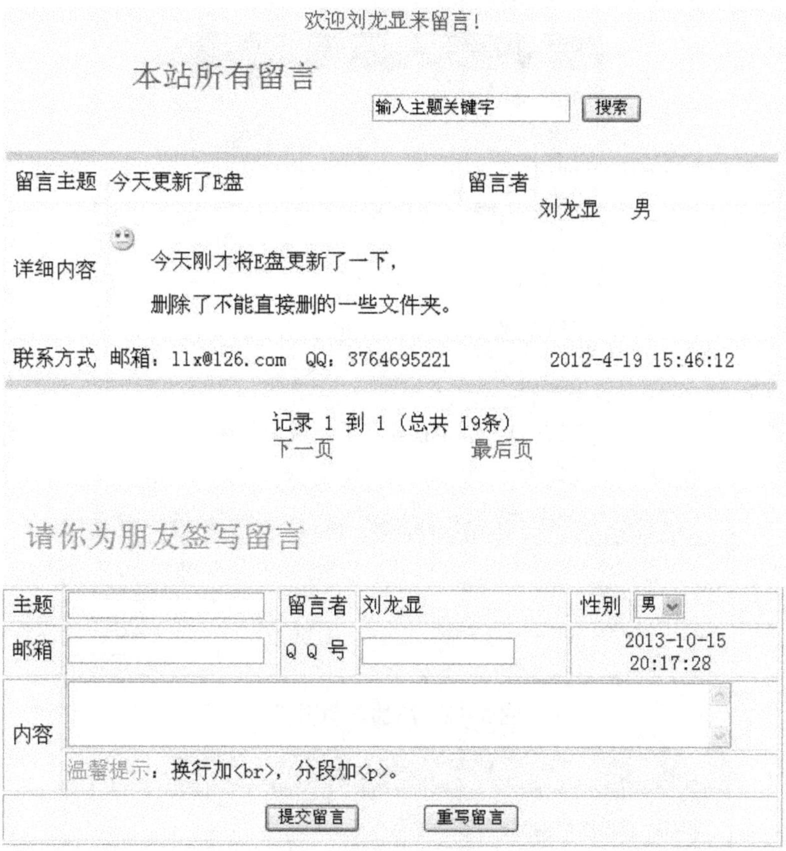

图 5-9　登录后的效果

图 5-10　添加搜索表单

2．编辑页面 ly_search.asp

接下来编辑按主题搜索到的留言的显示页面 ly_search.asp。

1）打开 ly_search.asp，将标题改为“留言搜索结果”。

2）用表格规划好网页。

3）用参数“lyzt”绑定搜索到的留言的记录集 sly，此对话框中的设置情况如图 5-11 所示，表示筛选留言主题包含输入主题关键字的所有留言。

4）在主体的上部输入没有找到记录的提示信息“没有找到你所要的留言，5 秒后自动返回重找!”。在这里添加刷新代码，刷新对话框如图 5-12 所示。

5）选中“没有找到你所要的留言，5 秒后自动返回重找!”，为它添加一个记录集 sly 为空则显示的“显示区域”服务器行为，结果如图 5-13 所示。

6）在主体下部插入 1 个 5 行 4 列的表格，规划留言的显示区域。

7）编辑显示留言的表格。输入提示性文字、插入留言记录集 sly 中的对应字段、设置重复区域（选中前 3 行）、添加记录状态条。

图 5-11 绑定搜索到的留言记录集

图 5-12 添加自动刷新

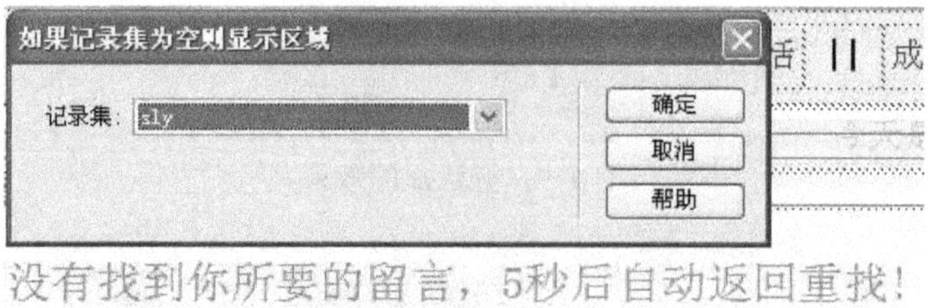

图 5-13 未搜到时的显示区域

8）选中显示留言的表格，为它添加一个记录集 sly 不为空则显示的“显示区域”服务器行为，结果如图 5-14 所示。

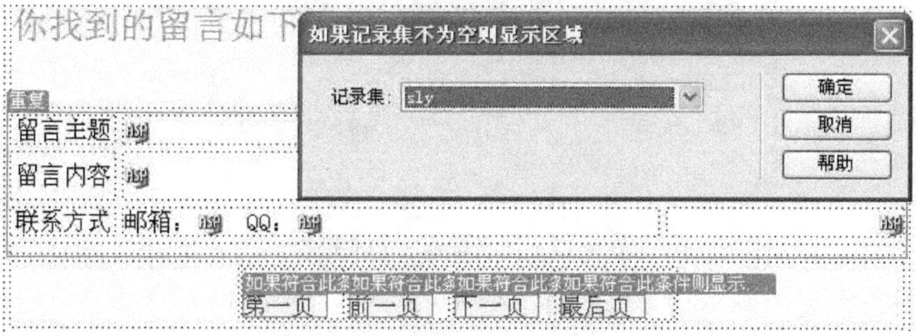

图 5-14 搜到留言的显示区域

3. 在首页 index.asp 中编辑最新留言主题列表区域

在首页 index.asp 中的左部，用户登录与注册的下面，规划了一个区域用于显示用户留言提示的主题列表，它的制作过程如下。

1）在左部下方单元格中插入 1 个 2 行 1 列的表格来规划这个区域。

2）在第一行中输入文字“用户最新留言”和“更多…”。为“更多…”添加了到留言显示和签写页 ly_list.asp 的一般超链接（右下角的“我要留言”也链接到此页面）。

3）绑定留言表的记录集 ly，设置如图 5-15 所示。

图 5-15 绑定留言记录集

4）在第 2 行中又插入了 1 个 1 行 2 列的表格来显示留言的主题。在第 1 个单元格插入 1 个小图片，在第 2 个单元格插入记录集 ly 的主题字段，把这一行设置为重复区域，结果如图 5-16 所示。

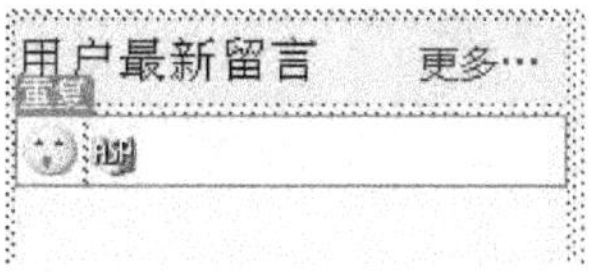

图 5-16 显示留言主题区

5）选中插入的主题字段{ly.主题}，添加“转到详细页面”服务器行为，单击“浏览…”按钮，在新窗口选择网页 ly_view.asp，显示该主题所对应的这条记录的全部内容。“转到详细页面”对话框中的设置如图 5-17 所示。

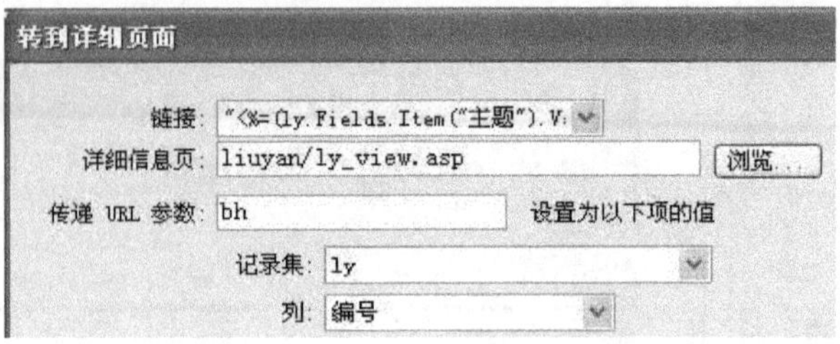

图 5-17　定义留言主题的链接

4．编辑页面 ly_view.asp

1）打开网站 ly_view.asp，将标题改为“留言内容”，用图 5-17 中传递的 URL 参数绑定记录集 vly，设置如图 5-18 所示。

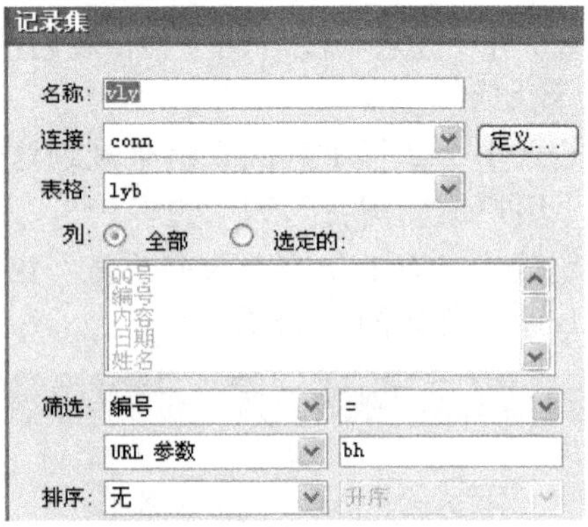

图 5-18　绑定显示留言记录集

2）在主体中插入 1 个 3 行 4 列的表格来规划留言显示区域。

3）在此表格中输入必要的提示信息，插入对应的字段。

4）为“更多…”添加转到留言显示和签写网页 ly_list.asp 的一般超链接。

选中“关闭本页”，在属性面板的链接文本框中输入代码：

```
javascript:window.close()
```

网页 ly_view.asp 的最后结果如图 5-19 所示。

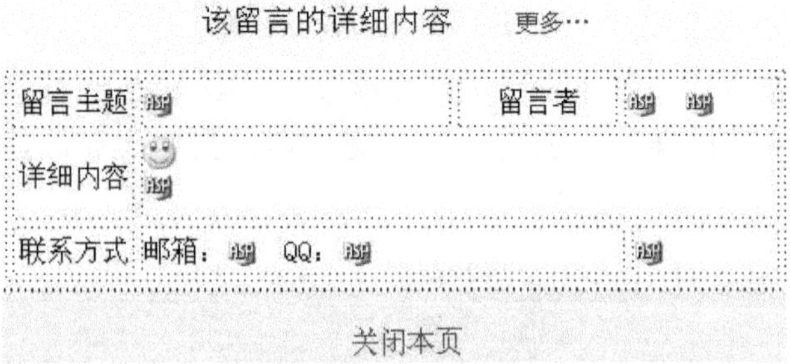

图 5-19　显示留言

任务评价

本任务主要是将网站中显示与签写留言的有关网页进行了规划设计，实现了网站的共同浏览者在网站中交流的功能。没有登录的浏览者只能浏览别人的留言，不能签写。只有登录用户才能浏览和签写留言。

内　　容	分　　值	自　　评	师　　评
在 ly_list.asp 中编辑留言显示区域	10		
在 ly_list.asp 中编辑留言签写区域	10		
在 ly_list.asp 中添加“显示区域”服务器行为	10		
在 ly_list.asp 中添加留言主题搜索功能	10		
编辑留言搜索结果页 ly_search.asp	20		
在首页 index.asp 中编辑留言主题列表区域	20		
编辑单个留言显示页 ly_view.asp	20		
合　　计	100		

知识点

留言的显示与留言的签写放在一个网页中来设计，增加了难度，但符合实际。因此，应很好地理解掌握这种设计方法。本任务又一次用到了“显示区域”的服务器行为，希望能熟练使用。

本任务有一个新的知识点：绑定记录集时的筛选条件用“包含”进行模糊查询，得到的结果可能有多条记录；相应的搜索表单的属性中的方法设置为“GET”。

要注意一个问题：为显示留言列表设置重复区域时，应将 1 条记录所在的连续多行一起选中来设置。

触类旁通

1）使用数据库 study.mdb 设计一个网站，将显示记录和添加记录都放在一个网页中，在多个网页中利用不同的方式显示留言。

2）区分“留言内容”页与“留言搜索结果”页的设计方法，设计类似网页。

实习 1　设计制作留言显示与签写页

实习目标：熟练地设计制作留言显示与签写页，若留言过多，则能很快找到所需的留言。

实习课时：2。

实习过程：

1）设计制作留言显示与签写页 ly_list.asp。

① 绑定检测用户登录与否的记录集。绑定留言记录集。

② 制作留言显示区域。

③ 制作留言签写区域，并设置显示属性。

④ 制作用户登录与否的提示信息，并设置显示属性。

⑤ 在留言显示区域添加留言搜索功能表单。

2）设计制作留言搜索结果显示页 ly_search.asp。

① 绑定包含主题关键字的记录集。

② 规划编辑记录为空与非空的显示区域。

3）设计制作单个留言显示页 ly_view.asp。

① 在首页的规划区域中显示留言主题提示列表，为主题创建链接。

② 编辑留言显示页 ly_view.asp。

学习评价：

____

____

学习反思：

____

____

任务 2　显示与签写网站评价

学习目标： 掌握网站评价的显示与签写页的设计方法，理解如何控制网站评价签写。进一步学习对数据的操作方法。

学习重点： 设计网站评价的显示与签写页。

学习难点： 用户登录检测与提示，显示已签写的网站评价。

学习方法： 理解操作方法，反复训练。

学习课时： 1。

任务情境

浏览整个网站或部分网页后，若浏览者想对网站设计者或者所有者留言，可以直接写在网站中吗？

这也可以利用记录添加与查看知识来完成。

任务分析

网站评价页 ly_bzpj.asp 就可以来完成任务情境中要求的功能。它的设计目的是让浏览本网站的人有一个发表意见的地方，当然也可能只看别人的意见，不发表自己的意见。

打开网站，进入网站评价页，浏览有关内容。可以发现，若没有登录，既不能查看评价，更不能添加评价，登录后才能查看和评价。

任务实施

本网页与留言显示与签写十分相似，在首页右下角的“我想评价”可以链接到本网页。

1）打开网站评价页，将标题改为“本站评价”。

2）绑定注册用户登录检查记录集 us，设置与任务 1 相同。

3）绑定评价本站的记录集 pz，设置对话框如图 5-20 所示。

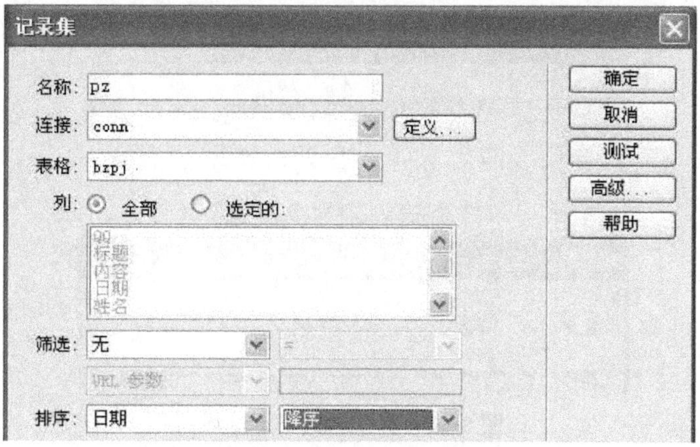

图 5-20　绑定评价记录集

4）在网页主体中分为上下两部分来设计。在上部分中先插入 1 个表格，用于显示注册用户的所有评价记录。紧接着插入 1 个表单 form1，用于登录用户发表评论。再选中这 2 个小部分，为它添加 1 个记录集 us 不为空则显示的“显示区域”服务器行为，结果如图 5-21 所示。

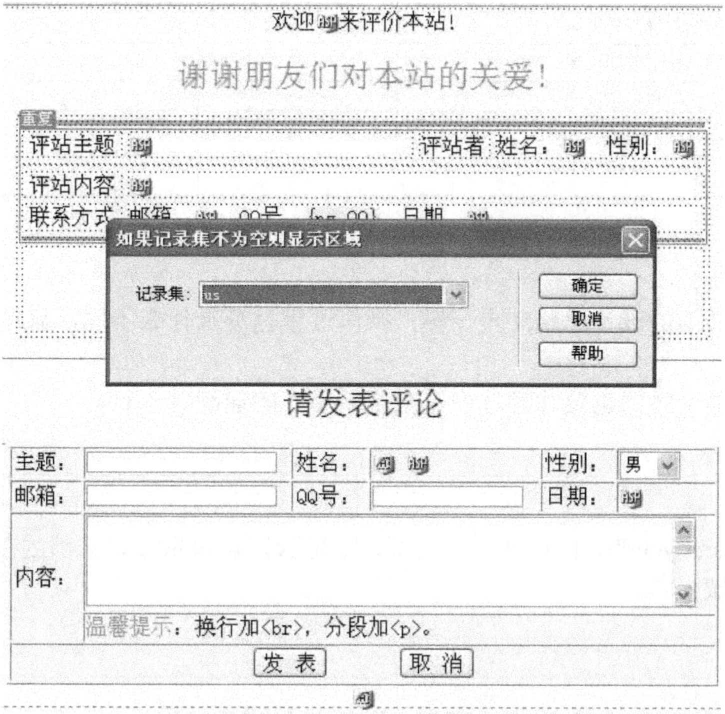

图 5-21　登录后的显示区域

5）在主体下部分输入不能评价的文字提示，如“你还没有登录，……”。将光标放在刚输入的提示文字“你”的前面，转到“代码”视图方式，执行“刷新”命令，加入刷新代码（在“代码”视图下，才能控制代码的输入位置）。最后为这个部分添加一个记录集 us 为空则显示的“显示区域”服务器行为，结果如图 5-22 所示。

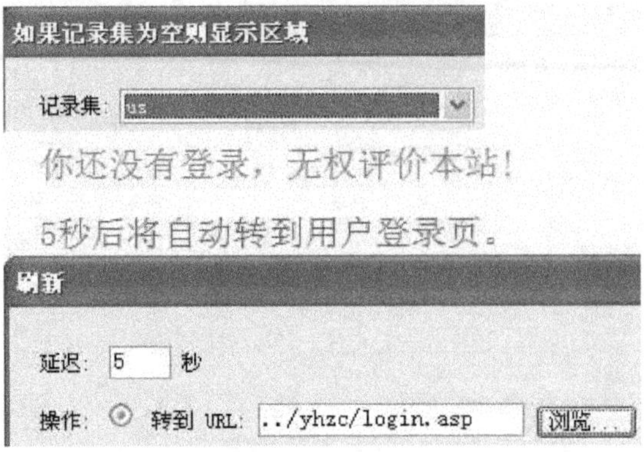

图 5-22　登录时的显示区域

任务评价

内　　容	分　　值	自　　评	师　　评
绑定检测用户登录的记录集	10		
绑定网站评价记录集	10		
制作网站评价显示区域	20		
制作网站评价签写区域	20		
添加非法用户提示区域	20		
设置两个区域的显示属性	20		
合　　计	100		

知 识 点

本任务和任务 1 的设计思路完全一样，操作过程也没有什么不同，只是显示区域包含的内容有些不同。

在设置重复显示时，也要注意选中 1 条记录所在的连续若干行。

触类旁通

使用数据库 study.mdb，再设计一个网页，将显示记录和添加记录都放在这个网页中，但改变一下显示区域内容。

实习 2　设计制作网站评价的显示与签写页

实习目标：熟练地设计制作网站评价的显示与签写页 ly_bzpj.asp。

实习课时：2。

实习过程：

1）绑定检测用户登录与否的记录集。

2）绑定网站评价记录集。
3）制作网站评价显示区域。
4）制作网站评价签写区域。
5）将显示与签写两个区域一起设置为记录集不为空则显示的显示区域。
6）制作用户未登录的提示信息，并设置显示属性。

学习评价：

____

____

学习反思：

____

____

任务 3 管理留言与网站评价

学习目标：掌握在管理后台中查看、删除用户留言和用户对网站的评价的相关页面的设计方法。学习整体考虑问题的方法。

学习重点：设计好留言与网站评价的管理功能。

学习难点：无。

学习方法：理解操作方法，反复训练。

学习课时：1。

任务情境

浏览者的留言和评价是否会完全按照设计者或者所有者的意图进行呢？不一定。留言和评价肯定是各种各样的。若出现问题，如何解决呢？

任务分析

可以在后台对它们进行管理控制，发现问题立即删除。

留言管理和网站评价管理都只有删除操作，操作方法和设计思路都是一致的。因此，将它们放在一起来讲解。

本任务包括 4 个网页，即留言管理页 ly_admin.asp、留言删除页 ly_del.asp、评站管理页 pz_admin.asp 和评站删除页 pz_del.asp。

打开网站，登录进入后台，浏览留言管理和评价管理的有关网页。

任务实施

1．留言管理页 ly_admin.asp 的编辑

1）打开留言管理页 ly_admin.asp，将标题改为“留言管理”。绑定留言簿的记录集 lygl，设置如图 5-23 所示。

图 5-23　绑定留言记录集

2）在主体中插入 1 个 3 行 4 列的表格。在第 1 行中输入文字提示标签，在第 2 行中插入对应的字段，将本行设置为重复区域，把第 3 行合并为 1 个单元格，添加记录集导航条和导航状态，结果如图 5-24 所示。

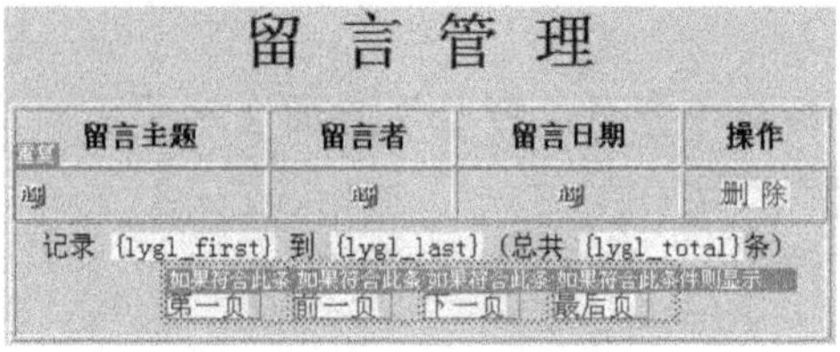

图 5-24　留言管理页面

3）选中“删除”两个字，为它添加“转到详细页面”服务器行为，设置如图 5-25 所示。

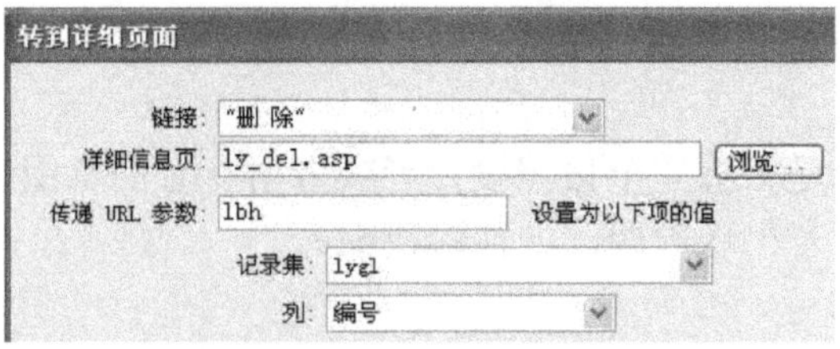

图 5-25　为删除定义链接

2．留言删除页 ly_del.asp 的编辑

1）打开留言删除页 ly_del.asp，将标题改为“留言删除”。绑定要删除的留言的记录集 dly，设置如图 5-26 所示。

图 5-26　绑定删除留言的记录集

2）添加表单 form1，在表单中插入 1 个 4 行 4 列的表格。

3）编辑表格。输入必要的文字提示信息，插入相应的记录集字段，设置好 2 个按钮。结果如图 5-27 所示。

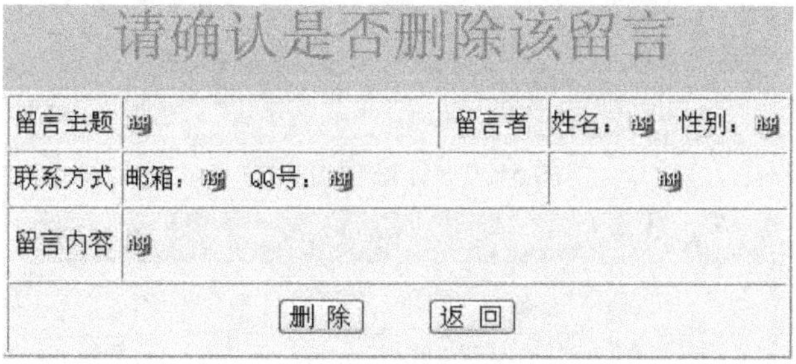

图 5-27　确认要删除的留言

4）添加“删除记录”服务器行为，如图 5-28 所示。

3. 评站管理页 pz_admin.asp 的编辑

此网页与留言管理页 ly_admin.asp 的制作方法一样。

1）打开评站管理页 pz_admin.asp，将标题改为“评站管理”。绑定本站评价表的记录集 pzgl，操作如图 5-29 所示。

图 5-28　添加“删除记录”服务器行为

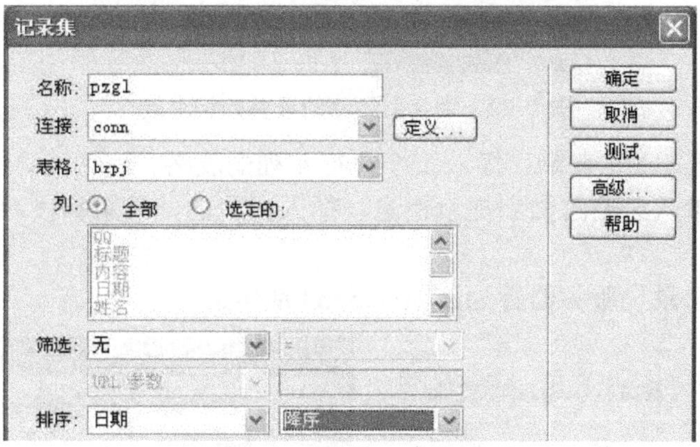

图 5-29　绑定评站管理记录集

2）插入 1 个 3 行 4 列的表格，编辑此表格。输入提示信息，插入字段，设置重复区域，添加记录集导航条和导航状态，结果如图 5-30 所示。

3）选中“删除”两个字，为它创建“转到详细页面”链接，设置如图 5-31 所示。

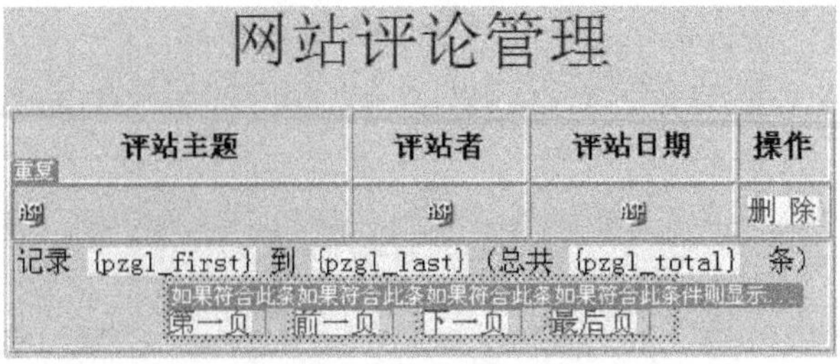

图 5-30　评站管理页面

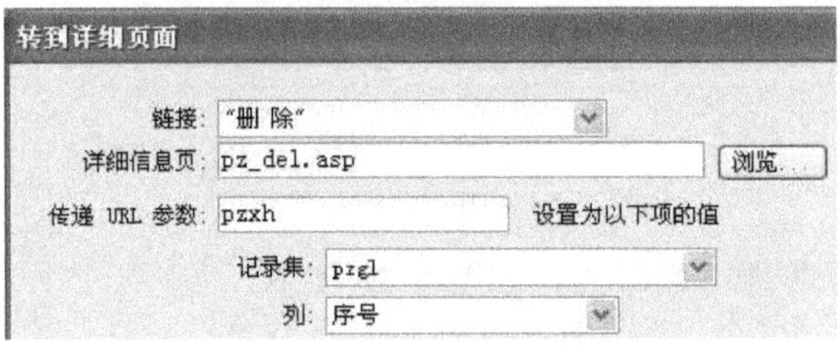

图 5-31　为删除定义链接

4．评站删除页 pz_del.asp 的编辑

1）打开评站删除页 pz_del.asp，将标题改为“评站删除”。绑定要删除的评站的记录集 dpz，设置如图 5-32 所示。

图 5-32　绑定要删除的评站的记录集

2）添加表单 form1，在表单中插入 1 个 4 行 4 列的表格。

3）编辑表格。输入必要的文字提示信息，插入相应的记录集字段，设置好 2 个按钮，结果如图 5-33 所示。

4）添加“删除记录”服务器行为，如图 5-34 所示。

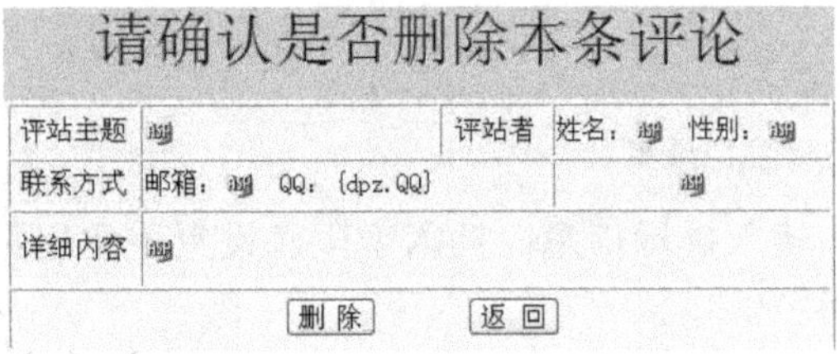

图 5-33　确认评站记录的删除

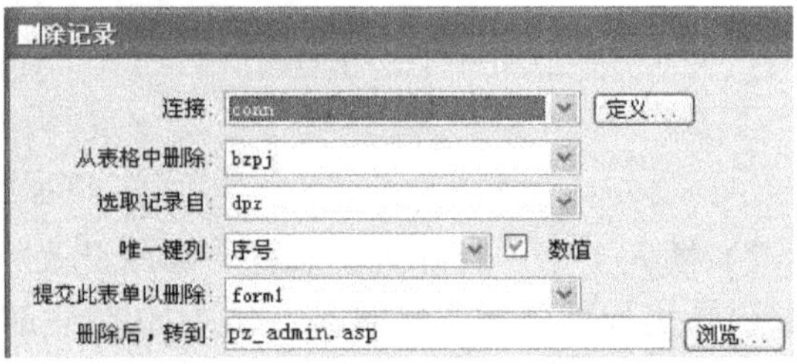

图 5-34　添加“删除记录”服务器行为

任务评价

本任务的主要作用就是删除有问题的留言和评价记录。

内　容	分　值	自　评	师　评
编辑留言管理页 ly_admin.asp	30		
编辑留言删除页 ly_del.asp	20		
编辑评站管理页 pz_admin.asp	30		
编辑评站删除页 pz_del.asp	20		
合　计	100		

知 识 点

本任务中没有新知识，都是对学过的知识的运用。要注意的是，在实际管理时，是根据留言或者评站的日期快速找到问题记录而将它删除的。

触类旁通

对数据库 study.mdb 中的数据表的信息，在一个网页中进行显示和删除操作。

实习 3　设计制作留言与网站评价页面

实习目标：熟练地编辑留言、网站评价的查看和删除功能的相关网页。

实习课时：2。

实习过程：

1）设计制作留言管理页 ly_admin.asp。

① 绑定记录集。

② 插入表格，在其中插入留言的主要提示字段。

③ 添加重复区域、记录集导航条和导航状态，为“删除”添加带参数的链接。

2）设计制作留言删除页 ly_del.asp。

① 用传来的参数绑定记录集。

② 添加表单，规划编辑表单。

③ 添加“删除记录”服务器行为。

3）设计制作网站评价管理页 pz_admin.asp。

① 绑定记录集。

② 插入表格，在其中插入网站评价的主要提示字段。

③ 添加重复区域、记录集导航条和导航状态，为“删除”添加带参数的链接。

4）设计制作网站评价删除页 pz_del.asp。

① 用传来的参数绑定记录集。

② 添加表单，规划编辑表单。

③ 添加“删除记录”服务器行为。

学习评价：

学习反思：

项目小结

留言与评价项目几乎没有新知识，都是对已学过的知识的综合运用。本项目学习的主要内容如下。

1）设计制作留言的签写功能。

2）在多处设计制作留言的显示功能。

3）设计制作网站评价的显示与签写功能。

4）在后台对问题留言、评价进行删除。

根据对最近 3 个项目的学习，发现对动态网站的设计操作有一些相同的操作，这些就是操作规律。

1）对一个记录的操作主要有 4 个方面：显示、添加、修改和删除。

2）绑定记录集的规律：添加记录时不绑定记录集，显示、修改和删除记录时都要绑定记录集。

3）添加表单的规律：要对记录进行更改时，就需要表单。只有“显示记录”这种操作不会改变记录的内容，所以，显示记录时不需添加表单，其余三个操作都要添加表单。

4）添加文本框的规律：要改变记录中的字段内容时，就要用到文本框。删除操作和显示操作不是对字段的操作，因此，不需要文本框。修改操作和添加操作都要添加文本框。

5）是否用服务器行为：要变动内容，就要用到服务器行为。只有显示操作不变动内容，因此，只有显示操作不用服务器行为，添加、修改和删除 3 个操作都要用。

6）创建哪种超链接：与当前记录有关的链接用“转到详细页面”服务器行为创建带参数的超链接，与当前记录无关的链接就用一般链接。添加操作与具体的记录无关，对它应创建一般超链接，显示、修改和删除操作都应该用“转到详细页面”服务器行为创建带参数的超链接。

实战强化

在数据库 study.mdb 中创建一个保存留言和评价的数据表，设计一些动态网页，实现留言添加与显示、评价添加与显示、删除留言和评价的功能。

习题

1．填空题

1）在网页中，为了在绑定记录集是否为空的不同情况下显示不同的内容，可以添加

（　　　　　　　　）服务器行为来控制内容显示。

2）绑定用户登录检测记录集 us 时，用到了阶段变量（　　　　　　　　）。

2．判断题

1）留言显示页与评站显示页，都用了相同的技术来处理显示内容。　（　　）

2）设计网站时，可以让没登录的用户留言和评站。　（　　）

3）在某网页的属性面板的链接文本框中输入代码“javascript:windows.close()”，可实现关闭本页的功能。　（　　）

3．简答题

如果要为留言管理添加审查功能，该如何设计？请简述其基本操作步骤。

实训项目3　留 言 管 理

实训目标：综合运用所学知识，快速独立地规划设计以“留言管理”为主题的网站，熟练地完成有关网页的编辑任务，在规定的时间内制作好一个相对完整的网站。

实训课时：6。

实训满分：100 分。

实训过程：

1）创建合理的文件夹，创建数据库表：留言表、管理表。（10 分）

在 E:盘创建以年级班级代码和学号为文件名的网站根文件夹，再创建合理的网站文件夹，如 E:\2101\data。在 data 文件夹下创建 Access 数据库 student.mdb，建立留言（至少 6 条记录）和管理（普通用户至少 2 条记录，管理员用户至少 2 条记录）2 个数据表，表结构分别见表 5-1 和表 5-2。

表 5-1　留言表的表结构

字段名	编号	姓名	主题	性别	邮箱	QQ	日期	内容
类型	自动编号	文本	文本	文本	文本	文本	日期/时间	备注
大小	长整递增	10	20	4	30	10	默认 now（）	
主键否	主键							

表 5-2　管理表的表结构

字段名	编号	账号	姓名	密码	审核	日期	类型
类型	自动编号	文本	文本	文本	文本	日期/时间	文本
大小	长整递增	20	10	20	10	默认 now（）	10
主键否	主键				默认值 “未通过”		默认值 “普通用户”

2）设置正确的 IIS，以“留言管理”为名定义正确的本地 ASP 动态站点，添加网站与数据库的正确连接代码。（10 分）

3）前台部分：留言的显示、添加。（30 分）

① 编辑制作网站首页 index.asp。规划好页眉、主体和页脚，有合适的站标图和横幅图，有合理的导航栏（其中必须有链接到用户留言和管理登录的超链接），页脚中有正确的版权

信息。

② 编辑制作留言显示页 ly_list.asp 的留言显示部分。

③ 编辑制作注册用户登录页 us_login.asp。

④ 编辑制作留言显示页 ly_list.asp 的留言添加部分（注册用户登录后才能添加）。

4）管理员登录、退出。（30 分）

① 编辑制作管理登录页 login.asp。根据账号和密码登录后台进行留言管理操作。

② 编辑制作管理员信息显示与修改页 ad_infor.asp。显示登录管理员的有关信息，并在此页中提供修改管理员信息的功能。

③ 在相关网页加上登录提示和注销功能。

5）后台部分：留言管理。（20 分）

① 编辑制作留言管理主页 ly_admin.asp。能显示所有留言的提示；能链接到留言删除页，并传递正确的参数到二级页面。

② 编辑制作留言删除页 ly_del.asp。实现留言删除功能，能直接返回到管理主页。

项目 6　制作新闻信息网页

新闻信息的有关网页是本网站的核心部分，对它们的设计制作将直接影响这个网站的效果。本项目主要包括网站的 4 个栏目，即学校新闻、学校概况、校园生活和招生就业。对前台信息的显示来说，用到了一个小技巧，使得网页减少了好几个。对后台来说，由于数据表中有了“栏目”这个字段，将新闻信息的所有内容都放在了一个数据表中（前台网页也因此减少了数量），使这 4 个栏目成了一个项目，也大大减少了网页数量。

任务 1　设计新闻信息显示页面

学习目标：利用前面已经学习过的方法，设计网站最核心的内容——新闻信息的显示。
学习重点：新闻信息显示的有关网页的设计制作。
学习难点：系统地设计好相关网页间的关系。
学习方法：多操作，多思考，再变通。
学习课时：2。

任务情境

多数网站都有新闻方面的内容，学习制作动态网站，也应该发布有关的新闻信息。

如何在网站中发布新闻呢？本网站中，将新闻的标题显示在首页的中间，单击标题显示新闻的具体内容。当然，如果新闻内容比较多，还可以把它们分成几个栏目来分别提示。

任务分析

打开网站，看看有哪些新闻信息。

可以发现，网站中有关新闻的内容还真不少，它们包含在 4 个栏目中，即学校新闻、学校概况、校园生活和招生就业。这 4 个栏目的内容，其实都保存在了一个数据表 article 中。在这个数据表中，根据“栏目”字段来区分新闻信息是哪个网站栏目的内容。

按照项目 1 的整体规划，这个任务包括的网页是学校新闻 news.asp、学校概况 xxgk.asp、校园生活 xysh.asp、招生就业 zsjy.asp 和信息显示 xx_view.asp，另外还要对首页 index.asp 中的有关内容进行编辑处理。

为了减少网页数量，网站的 4 个栏目的最终信息显示页都由同一个网页来实现，它就是信息显示页 xx_view.asp，设计方法也完全相同。

任务实施

1. 学校新闻 news. asp 的编辑

1）打开网页文件 news.asp，将标题改为“学校新闻”。

2）规划网页。

3）在网页主体中插入 1 个 3 行 3 列的表格，将第 3 行合并为 1 个单元格。

4）绑定保存学校新闻的数据表记录集 ns，设置“筛选”为“栏目”=“输入的值”“学校新闻”，设置如图 6-1 所示。

5）编辑表格。输入必要的文字提示信息，插入记录集中的字段到表格中，设置好重复区域，添加记录集导航条和导航状态。“学校新闻”编辑结果如图 6-2 所示，预览效果如图 6-3 所示。

图 6-1 绑定“学校新闻”记录集

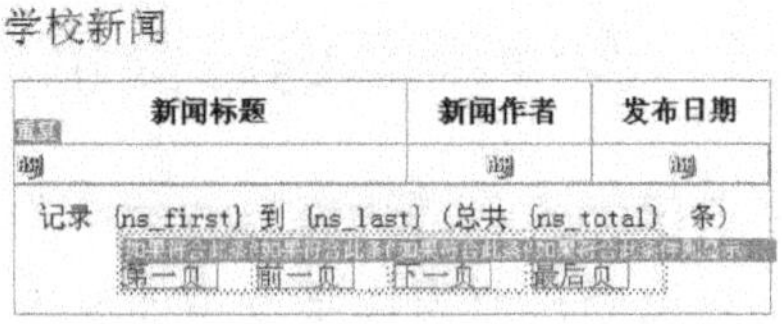

图 6-2 “学校新闻”编辑结果

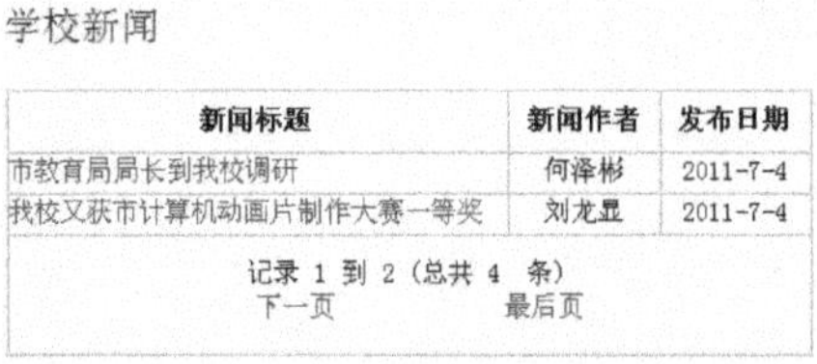

图 6-3 “学校新闻”预览效果

2. 学校概况 xxgk. asp 的编辑

1）打开网页文件 xxgk.asp，将标题改为“学校概况”。

2）规划网页。

3）在网页主体中插入 1 个 3 行 3 列的表格，将第 3 行合并为 1 个单元格。

4）绑定保存学校概况的数据表记录集 gk，设置“筛选”为“栏目”=“输入的值”“学校概况”，设置如图 6-4 所示。

5）编辑表格。输入必要的文字提示信息，插入记录集中的字段到表格中，设置好重复区域，添加记录集导航条和导航状态。“学校概况”编辑结果如图 6-5 所示，预览效果如图 6-6 所示。

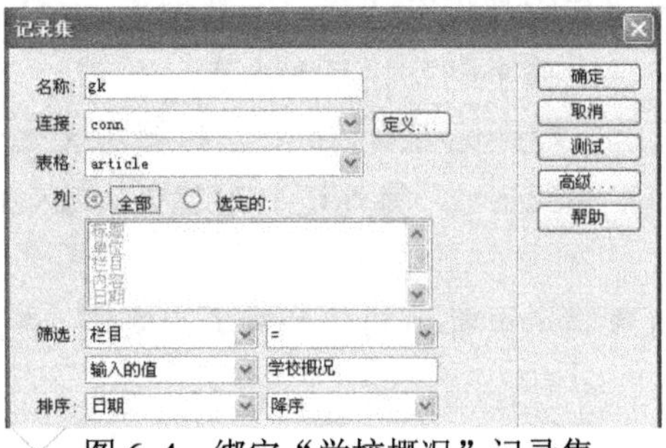

图 6-4 绑定“学校概况”记录集

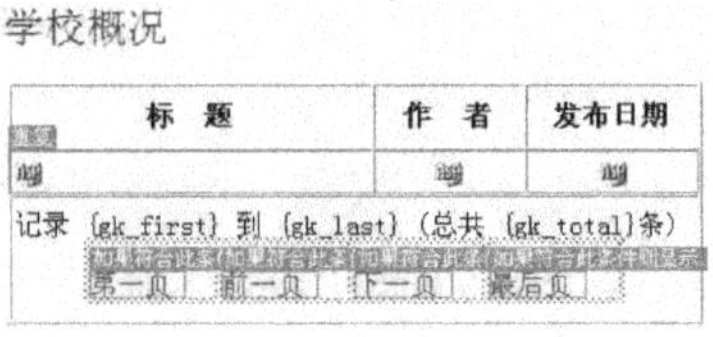

图 6-5 “学校概况”编辑结果

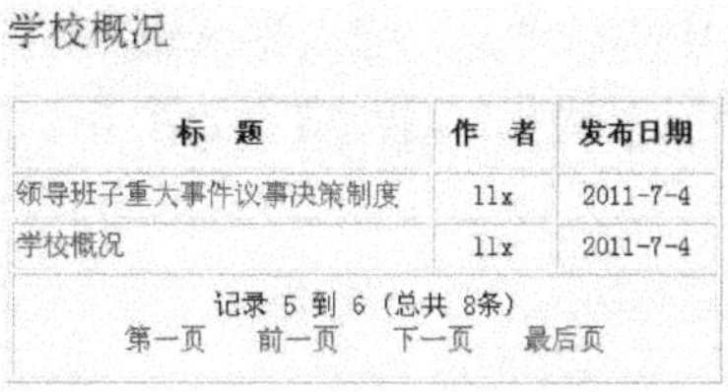
学校概况

标　题	作　者	发布日期
领导班子重大事件议事决策制度	llx	2011-7-4
学校概况	llx	2011-7-4
记录 5 到 6 (总共 8条) 第一页　前一页　下一页　最后页		

图 6-6 “学校概况”预览效果

3. 校园生活 xysh. asp 的编辑

1）打开网页文件 xysh.asp，将标题改为“校园生活”。

2）规划网页。

3）在网页主体中插入 1 个 3 行 3 列的表格，将第 3 行合并为 1 个单元格。

4）绑定保存校园生活的数据表记录集 sh，设置“筛选”为“栏目”=“输入的值”“校园生活”，设置如图 6-7 所示。

5）编辑表格。输入必要的文字提示信息，插入记录集中的字段到表格中，设置好重复区域，添加记录集导航条和导航状态。“校园生活”编辑结果如图 6-8 所示，预览效果如图 6-9 所示。

4. 招生就业 zsjy. asp 的编辑

1）打开网页文件 zsjy.asp，将标题改为“招生就业”。

2）规划网页。

3）在网页主体中插入 1 个 3 行 3 列的表格，将第 3 行合并为 1 个单元格。

4）绑定保存招生就业的数据表记录集 zj，设置“筛选”为“栏目”=“输入的值”“招生就业”，设置如图 6-10 所示。

图 6-7　绑定“校园生活”记录集

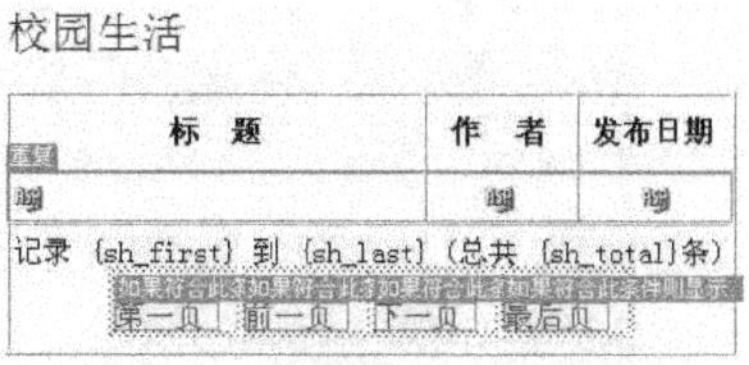

图 6-8　“校园生活”编辑结果

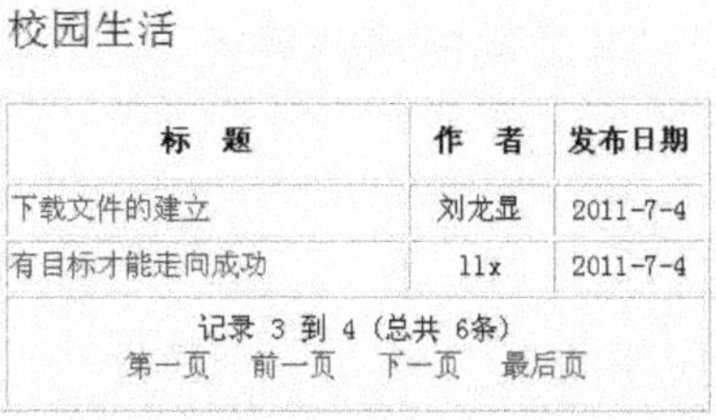
校园生活

标　题	作　者	发布日期
下载文件的建立	刘龙显	2011-7-4
有目标才能走向成功	llx	2011-7-4
记录 3 到 4 (总共 6条) 第一页　前一页　下一页　最后页		

图 6-9　“校园生活”预览效果

图 6-10　绑定“招生就业”记录集

5）编辑表格。输入必要的文字提示信息，插入记录集中的字段到表格中，设置好重复区域，添加记录集导航条和导航状态。“招生就业”编辑结果如图 6-11 所示，预览效果如图 6-12 所示。

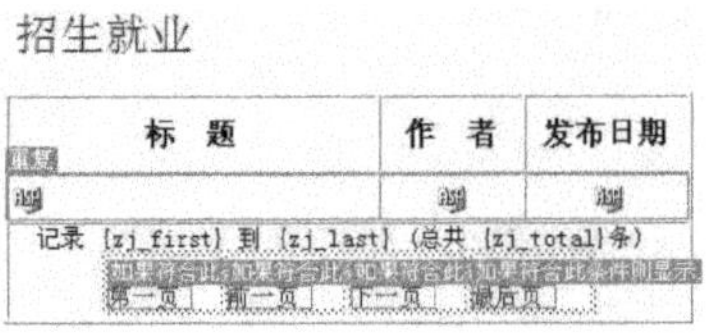

图 6-11 “招生就业”编辑结果

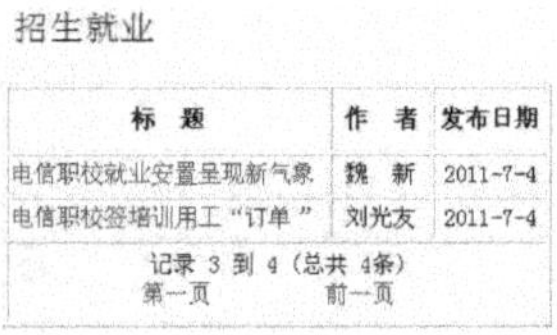

图 6-12 “招生就业”预览效果

5. 信息显示 xx_view. asp 的编辑

在以上 4 个网页中都对记录集字段“标题”创建了“转到详细页面”的带参数的超链接。如果它们的参数都取同一个变量，那么它们的目标页可以用同一个页面，即信息显示 xx_view.asp。“转到详细页面”对话框设置如图 6-13 所示。

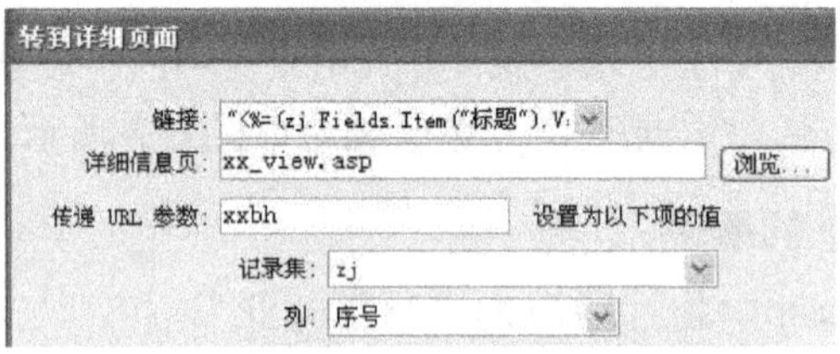

图 6-13 “转到详细页面”对话框设置

1）打开网页文件 xx_view.asp，将标题改为“信息显示”。

2）规划网页。

3）在网页主体中插入 1 个 3 行 3 列的表格，将第 1 行和第 3 行分别合并为 1 个单元格。

4）绑定保存信息显示的数据表记录集 xw，设置“筛选”为“序号”=“URL 参数”“xxbh”，设置如图 6-14 所示。

5）编辑表格。本页可以不要文字提示信息，插入记录集中的字段到表格中，设置好字体格式与对齐方式。“信息显示”编辑结果如图 6-15 所示，预览效果如图 6-16 所示。

图 6-14 绑定“信息显示”记录集

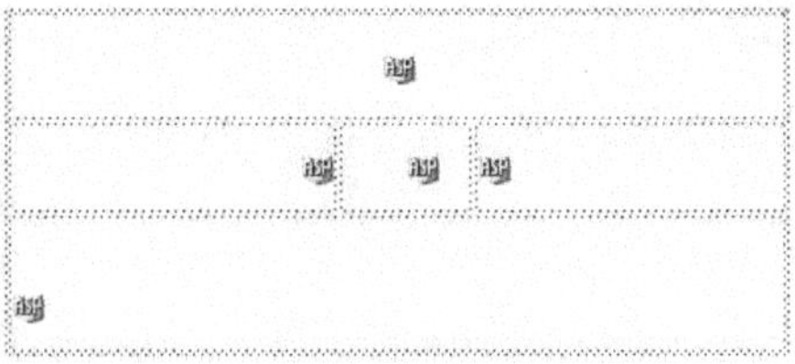

图 6-15 “信息显示”编辑结果

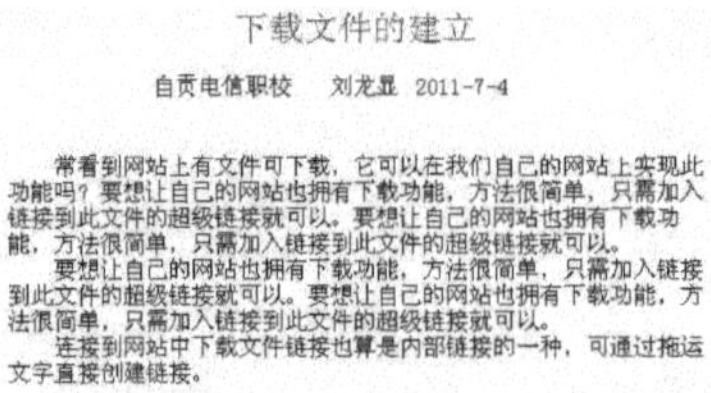

图 6-16 “信息显示”预览效果

6. 编辑首页 index.asp 中的新闻提示

（1）设置网站导航栏

新闻信息是本网站的主要内容，因此，在导航栏中也占了大部分的空间（在 6 个链接中占了 4 个）。在网页中依次输入 4 个词语，即学校概况、学校新闻、招生就业和校园生活。再给它们依次建立一般超链接，即学校概况→xxgk.asp、学校新闻→news.asp、招生就业→zsjy.asp，校园生活→xysh.asp，成绩查询→cj_search.asp。编辑结果如图 6-17 所示。

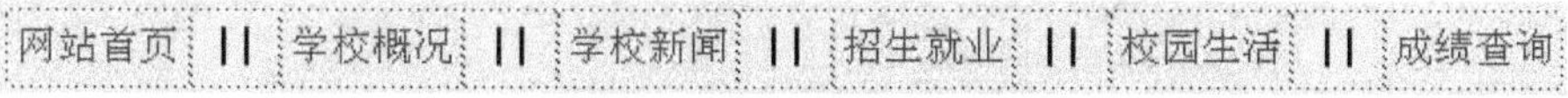

图 6-17　编辑首页导航栏

（2）编辑最新信息标题提示显示区域

1）在主体中间位置插入 1 个 2 行 1 列的表格，用来显示新闻信息提示标题，如图 6-18 所示。

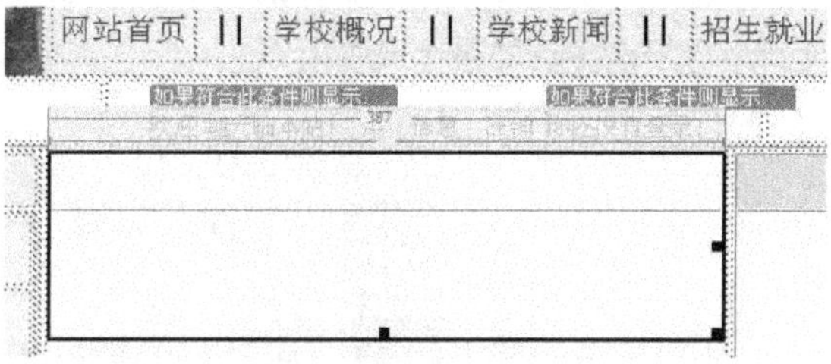

图 6-18　首页中的信息标题显示区域

2）绑定最新信息表记录集 xx，设置如图 6-19 所示。

图 6-19　绑定最新信息表记录集

3）在第 1）步中所建的表格的第 1 行中插入 1 个 1 行 3 列的表格来显示本区域的提示性标题，左边输入“最新信息”，为右边的文字“更多…”建立一般超链接，链接到网页 news.asp。结果如图 6-20 所示。

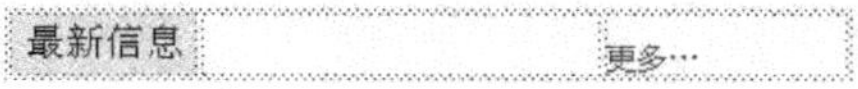

图 6-20　信息栏目标题区域

4）在第 1）步中所建的表格的第 2 行中插入 1 个 1 行 3 列的表格，依次插入一个小图片、记录集 xx 中的字段{xx.栏目}、{xx.标题}、{xx.日期}。结果如图 6-21 所示。

图 6-21　插入信息记录中的相应字段

5）为记录集字段{xx.标题}建立“转到详细页面”超链接，这里的参数设置为“xxbh”，转到的目标页还是 “xx_view.asp”，设置如图 6-22 所示。

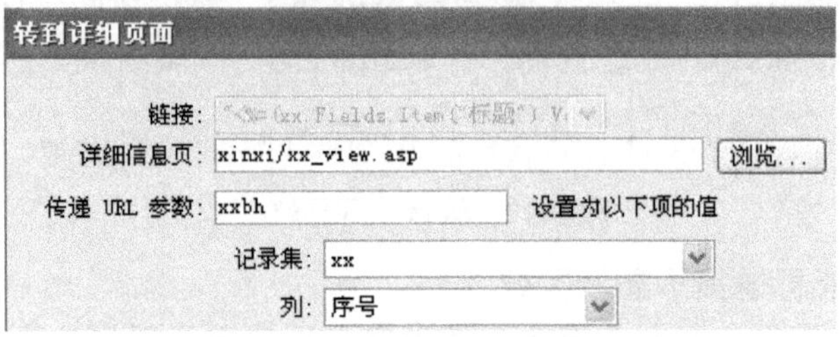

图 6-22　为标题字段定义超链接

6）为如图 6-21 所示的行添加“重复区域”服务器行为。最新信息标题提示显示区域最后的编辑效果如图 6-23 所示，预览效果如图 6-24 所示。

图 6-23　编辑好的信息提示区域效果

图 6-24　信息提示区的预览效果

任务评价

本任务的内容是对有关新闻的 6 个网页进行设计制作，完成网站的新闻显示功能。

内　容	分　值	自　评	师　评
设计制作学校新闻页 news.asp	15		
设计制作学校概况页 xxgk.asp	15		
设计制作校园生活页 xysh.asp	15		
设计制作招生就业页 zsjy.asp	15		
设计制作新闻显示页 xx_view.asp	20		
设计制作首页中的新闻提示	20		
合　计	100		

知 识 点

本任务的内容较多，但许多方法是学习过的。因此，没有难点。但有一个技巧，需要认真学习，即 4 个栏目的文章标题提示页的链接目标和“最新信息”区域中文章标题的链接目标都指向同一个页面，并且，所带的参数也是同一个变量所传递的，这就使得目标网页少了 4 个。注意，学习类似的方法以减少网页数量。

触类旁通

用数据库 study.mdb 设计一些网页，使它们中的多个网页的链接目标都指向一个页面。

实习 1　制作新闻信息显示页面

实习目标： 快速熟练地制作学校新闻页 news.asp、学校概况页 xxgk.asp、校园生活页 xysh.asp、招生就业页 zsjy.asp 和信息显示页 xx_view.asp，对首页 index.asp 中的有关内容进行编辑处理。

实习课时： 2。

实习过程：

1）设计制作学校新闻网页 news.asp。

2）设计制作学校概况网页 xxgk.asp。

3）设计制作校园生活网页 xysh.asp。

4）设计制作招生就业网页 zsjy.asp。

5）设计制作信息显示网页 xx_view.asp。

6）设计制作首页 index.asp 中的有关内容。

学习评价：

____

____

学习反思：

____

____

任务 2　管理新闻信息

学习目标： 利用已学习过的方法设计制作新闻信息的后台管理有关网页。学习 4 个栏目的后台管理是如何放在一起制作完成的。

学习重点： 4 个栏目的后台管理如何放在一起制作完成。

学习难点： 有效利用字段将文章分类。

学习方法： 多理解，多操作，再实践。

学习课时： 2。

任务情境

新闻就是及时的、不断变化的信息。可以对网站前台的新闻信息进行有效更新吗？

在这里，网站管理人员可以随时登录网站后台，对新闻信息进行添加、修改和删除等操作。

任务分析

肯定是可以的，不然，就不能称为新闻信息了。

按照项目的规划，这个任务包括的网页有信息管理主页面 xx_admin.asp、信息添加页面 xx_add.asp、信息修改页面 xx_edit.asp 和信息删除页面 xx_del.asp。它们都包含于后台管理页面部分。

打开网站，登录进入后台，浏览新闻信息管理的有关网页。想一想，如何设计新闻信息管理网页？

任务实施

1. 编辑信息管理主页面 xx_admin. asp

1）打开信息管理主页面 xx_admin.asp，将标题改为“信息管理”。

2）在主体中插入 1 个 3 行 3 列的表格，将它的第 3 行合并为 1 个单元格。

3）绑定新闻信息显示的提示记录集 xx，设置如图 6-25 所示。

4）编辑表格。输入必要的提示文字；插入记录集 xx 中的字段到表格中的相应单元格；设置好重复区域；添加记录集导航条和导航状态，如图 6-26 所示。

图 6-25 绑定信息显示记录集

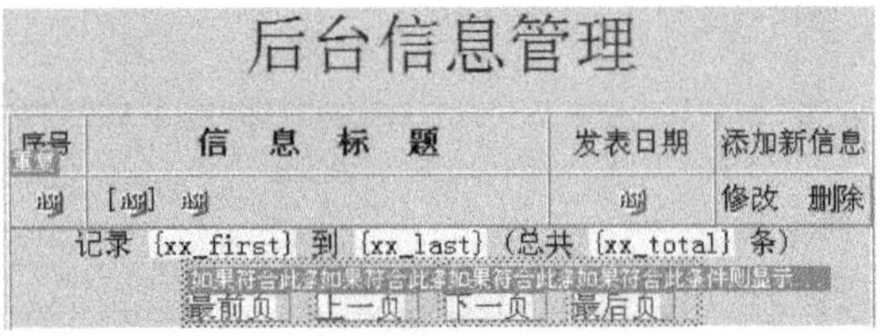

图 6-26 编辑后台信息管理页

5）设置好有关记录操作的超链接。将文字“添加新信息”建立链接到 xx_add.asp 的一般超链接；将文字“修改”2 个字“转到详细页面”xx_edit.asp，设置如图 6-27 所示；将文字“删除”2 个字“转到详细页面”xx_del.asp，设置如图 6-28 所示。

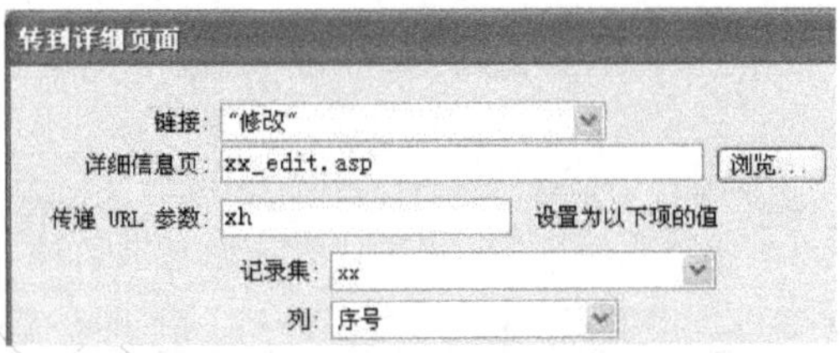

图 6-27 为“修改”添加超链接

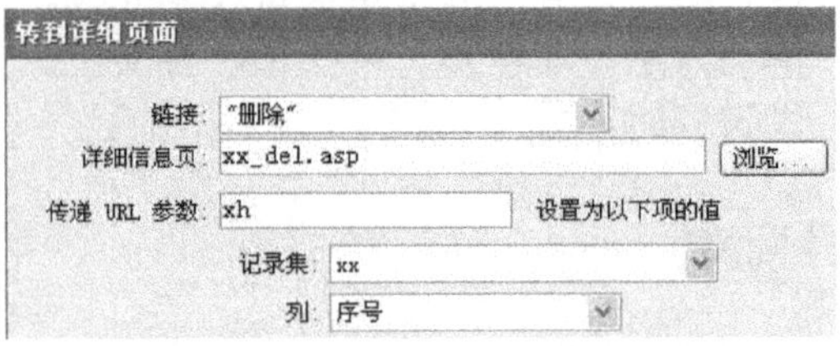

图 6-28 为“删除”添加超链接

6）本网页最后的编辑结果如图 6-29 所示。

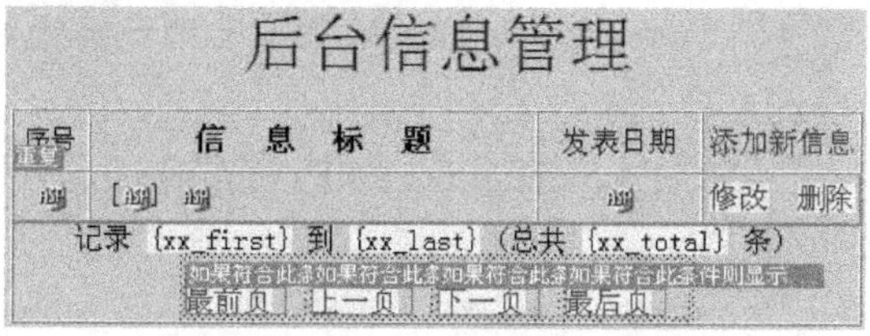

图 6-29　信息管理主页面的编辑结果

2．编辑信息添加页面 xx_add. asp

1）打开信息添加页面 xx_add.asp，将标题改为“信息添加”。

2）在主体中插入表单 form1，在表单中插入 1 个 6 行 2 列的表格，将它的第 6 行合并为 1 个单元格。

3）编辑表单。输入必要的提示文字；添加文本字段，并取好相应的名称；为“栏目”添加的下拉列表框的设置如图 6-30 所示。设置编辑好 2 个按钮，特别是“返回”按钮；添加“检查表单”行为。结果如图 6-31 所示。

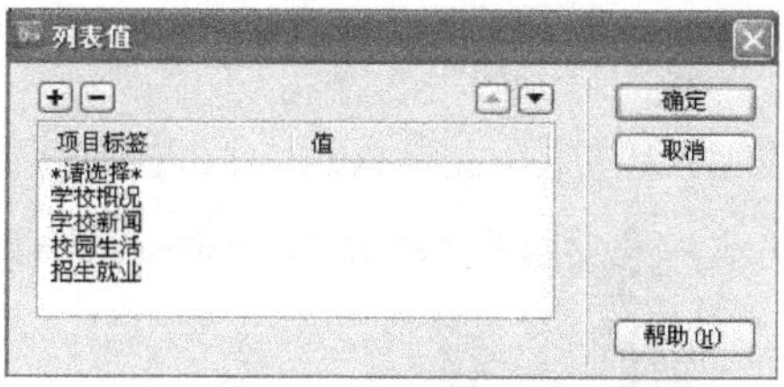

图 6-30　为栏目添加列表值

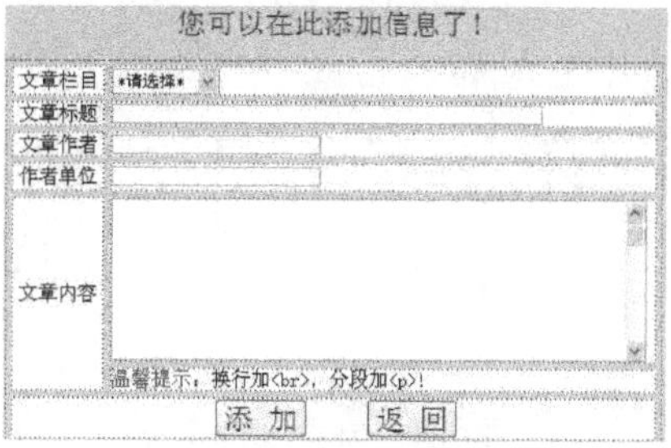

图 6-31　信息添加表单

4）添加“插入记录”服务器行为，设置如图 6-32 所示。

5）本网页最后的编辑结果如图 6-33 所示。

图 6-32　添加“插入记录”服务器行为

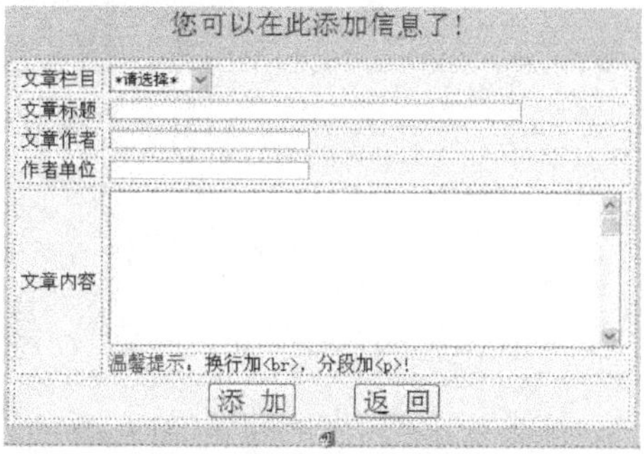

图 6-33　信息添加页面的编辑结果

3．编辑信息修改页面 xx_edit. asp

1）打开信息修改页面 xx_edit.asp，将标题改为“信息修改”。

2）在主体中插入表单，插入 1 个 6 行 2 列的表格，将它的第 6 行合并为 1 个单元格。

3）用信息管理主页面中传递来的参数绑定新闻信息修改所需的记录集 exx，设置如图 6-34 所示。

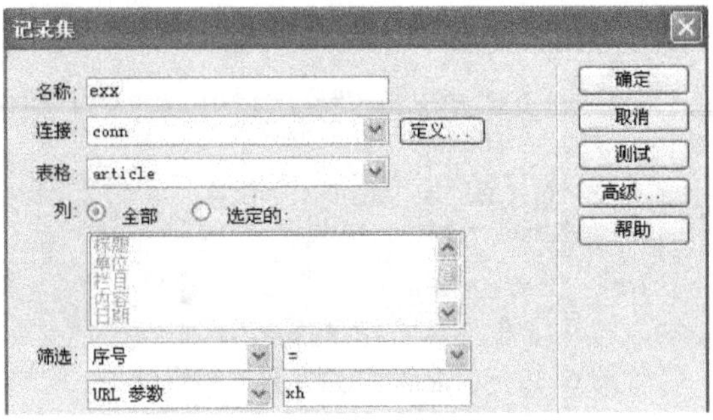

图 6-34 绑定修改信息记录集

4）编辑表单。输入必要的提示文字；添加相应的文本框，并取好对应的名称；插入记录集 exx 中的字段到表格中的相应单元格，或绑定字段到相应的文本框中（在“栏目”下拉列表框旁插入了“栏目”字段显示它的当前值）；设置好 2 个按钮；添加“检查表单”行为。在作者文本框后添加了一个提取当前日期的隐藏区域 rq，如图 6-35 所示。

5）添加“更新记录”服务器行为，设置如图 6-36 所示。

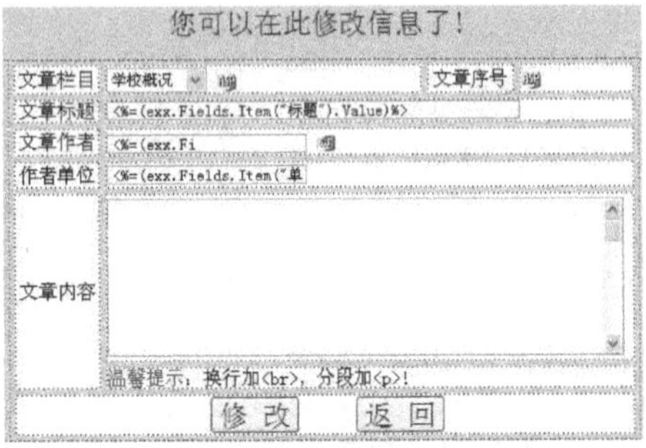

图 6-35 信息修改表单

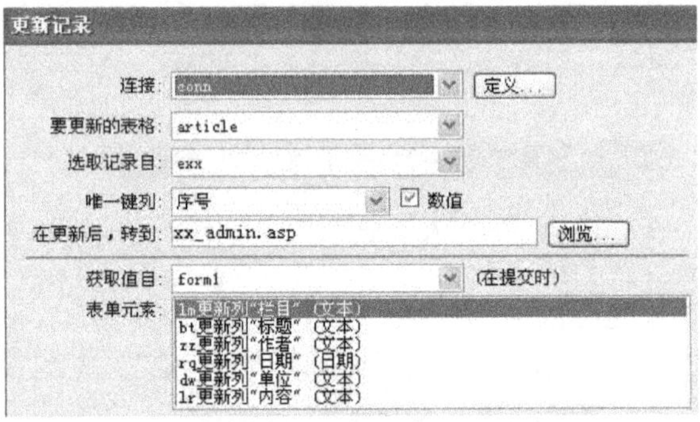

图 6-36 添加“更新记录”服务器行为

6）本网页最后的编辑结果如图 6-37 所示。

图 6-37 信息修改页面的编辑结果

4．编辑信息删除页面 xx_del.asp

1）打开信息删除页面 xx_del.asp，将标题改为“信息删除”。

2）在主体中添加表单 form1，在表单中插入 1 个 5 行 4 列的表格，将它的第 5 行合并为 1 个单元格。

3）用信息管理主页面中传递来的参数绑定新闻信息显示的提示记录集 dxx，设置如图 6-38 所示。

图 6-38　绑定删除信息记录集

4）编辑表格。输入必要的提示文字；插入记录集 dxx 中的字段到表格中的相应单元格；设置好 2 个按钮，如图 6-39 所示。

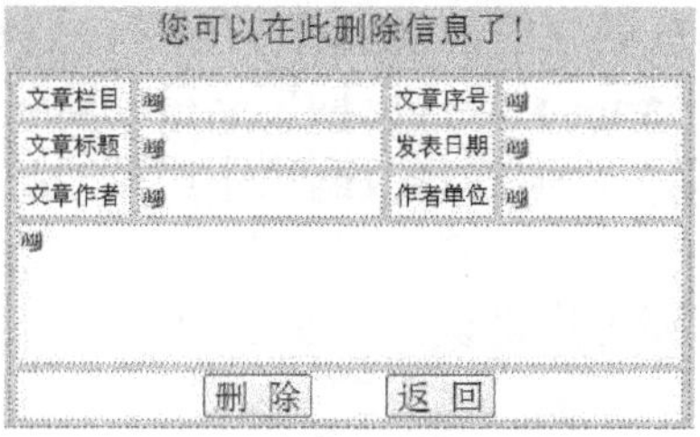

图 6-39　编辑删除信息表单

5）添加“删除记录”服务器行为，设置如图 6-40 所示。

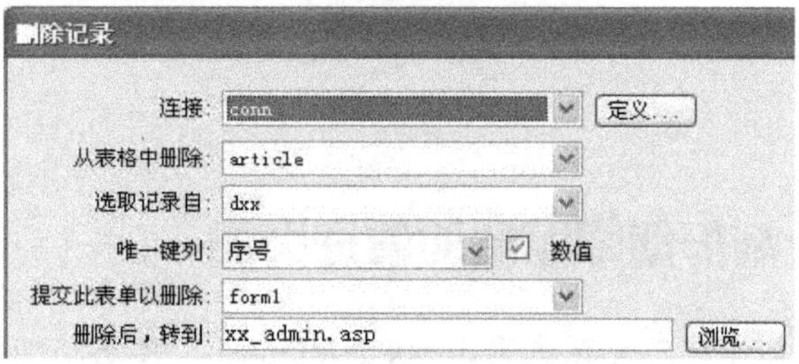

图 6-40　添加“删除记录”服务器行为

6）本网页最后的编辑结果如图 6-41 所示。

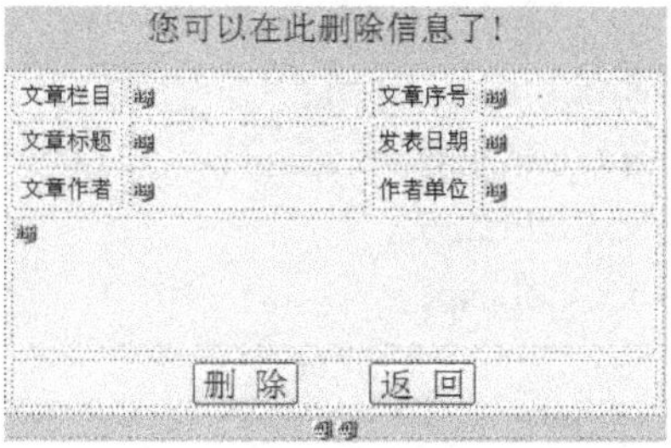

图 6-41　信息删除页面的编辑结果

任务评价

对新闻信息进行后台管理，设计制作起来比较容易。

内　　容	分　　值	自　　评	师　　评
编辑信息管理主页面 xx_admin.asp	30		
编辑信息添加页 xx_add.asp	30		
编辑信息修改页 xx_edit.asp	20		
编辑信息删除页 xx_del.asp	20		
合　　计	100		

知识点

虽然本任务内容多，但没有新知识，只要把文章的栏目分清就可以了。要理解掌握的知识点如下。

1）设计新闻信息管理的完整功能。

2）添加新闻信息和修改新闻信息时，注意添加标签，控制新闻信息的显示格式。

3）保存新闻信息的数据表 article 的“日期”字段的默认值是计算机系统的当前日期，添加网页中不必再添加当前日期了。但在修改网页中应该改日期，网页中使用隐藏域获取计算机系统的当前日期。

4）删除新闻信息时，仍然要再次确认，以免误删。

触类旁通

在数据库 study.mdb 中新建一个新闻表，对它设计完整的后台新闻管理页来操作新闻表。注意，分清文章所在的栏目。

实习 2　设计制作新闻信息的管理页面

实习目标：熟练地制作信息管理主页面 xx_admin.asp、信息添加页面 xx_add.asp、信息修改页面 xx_edit.asp 和信息删除页面 xx_del.asp。

实习课时：2。

实习过程：

1）设计制作信息管理主页面 xx_admin.asp。

2）设计制作信息添加页面 xx_add.asp。

3）设计制作信息修改页面 xx_edit.asp。

4）设计制作信息删除页面 xx_del.asp。

学习评价：

____

____

学习反思：

____

____

项目小结

新闻信息这个项目的知识都是学过的，只要灵活运用所学知识就可以。本项目的设计内容包括前台部分的新闻信息显示、后台部分的新闻信息管理。

前台部分的新闻信息显示编辑的网页是学校新闻 news.asp、学校概况 xxgk.asp、校园生活 xysh.asp、招生就业 zsjy.asp、信息显示 xx_view.asp，还有首页 index.asp 中的新闻标题列表区域。这里的信息显示 xx_view.asp 是其余几个页面的共同目标显示页，注意体会这种设计技巧。

后台部分的新闻信息管理编辑的网页是信息管理主页面 xx_admin.asp、信息添加页面 xx_add.asp、信息修改页面 xx_edit.asp、信息删除页面 xx_del.asp。

实战强化

在数据库 study.mdb 中创建一个保存文章的数据表，用一个字段对文章进行分类，再设计一组网页分类显示文章标题，单击标题又在同一个网页中显示出文章的内容。

习题

1. 填空题

在表单中将一个按钮的动作选择为“无”，但在浏览此页时，单击这个表单按钮希望能转到同级文件夹下的 admin.asp 网页。应该为表单按钮添加的代码可能是(　　　　　　　　)。

2. 判断题

1）在不同的网页中添加的“转到详细页面”行为，不能将同一个网页作为链接的目标网页。(　　)

2）在“转到详细页面”行为中所指的详细页面，是不能直接预览的。(　　)

3）在添加新闻文章的表单中，是通过选择文章栏目将文章分类的。(　　)

3. 简答题

如何将一个网页作为多个网页的带参数的目标链接网页？

项目 7 制作网站公告网页

网站公告是一个很重要、很及时的信息平台。几乎所有的网站都有自己网站的公告，并且一般在网站的首页显示。本网站把网站公告也放在首页显示，这样可以让浏览本网站的朋友不易错过重要信息。

任务 1 显示网站公告

学习目标：学习网站公告的显示方法，让浏览者很容易就看到网站的公告。
学习重点：设计好公告的显示位置和显示方式，吸引浏览者。
学习难点：滚动标签的属性设置。
学习方法：按书操作，思考。
学习课时：1。

任务情境

很多公司的网站都会把最新最重要的信息在某个固定位置明显地展示出来，以便公司员工很容易地知晓。本网站能否实现此功能呢？

利用记录的查看知识就能实现公告显示功能。再加上 marquee 标签，还可以让公告滚动显示。

任务分析

在网站首页的主体右侧，就是显示最新信息的公告栏。

既然网站公告是一个很重要的信息发布平台，那么就应该让浏览者很容易发现它，从而不错过浏览它的机会。

在制作的网站中，网站公告放在了首页 index.asp 主体的右侧，以从下往上的滚动方式显示。

任务实施

1. 网站公告的编辑

1）在规划首页时将主体的右侧预留出来。

2）在规划区域中插入 1 个 3 行 1 列的表格来放置公告的有关内容。

3）在第 1 行中添加本栏目的标题文字或图片，在第 3 行中插入 1 个小图片。

4）绑定公告数据表记录集 gg，如图 7-1 所示。按日期降序排列，才能保证公告内容总是最新的。

图 7-1　绑定公告记录集

5）在第 2 行中再插入 1 个 4 行 1 列的表格，以规划公告的显示格式。

6）将记录集 gg 中的字段分别插入到 4 行 1 列的表格中，并设置好标题、正文等文字字段的文本格式。结果如图 7-2 和图 7-3 所示。

7）这样，网站总是显示最新的一条公告信息。预览效果如图 7-4 所示。

2. 网站公告的滚动

滚动显示公告的方法是在静态网页制作中就讲过的，这里再简要说明设计它的过程。

1）选中要在网页中滚动的对象。这里选中中间的表格，如图 7-3 所示。

2）单击编辑窗口左上角中的“代码”按钮，转到“代码”视图，在当前选中的代码（表示当前表格的代码）前输入字符“<marquee>”，当前选中的代码后输入字符“</marquee>”（只比前一个字符串多一根斜线），如图 7-5 所示。

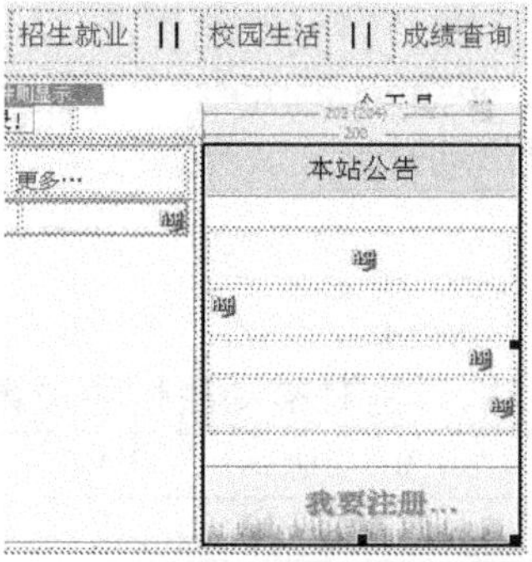

图 7-2　编辑首页中的公告显示区

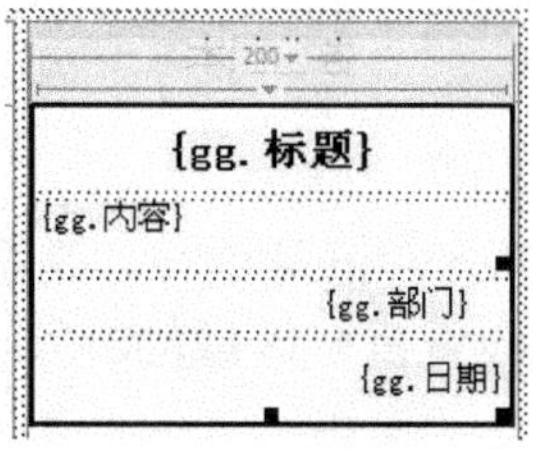

图 7-3　选中要滚动的部分

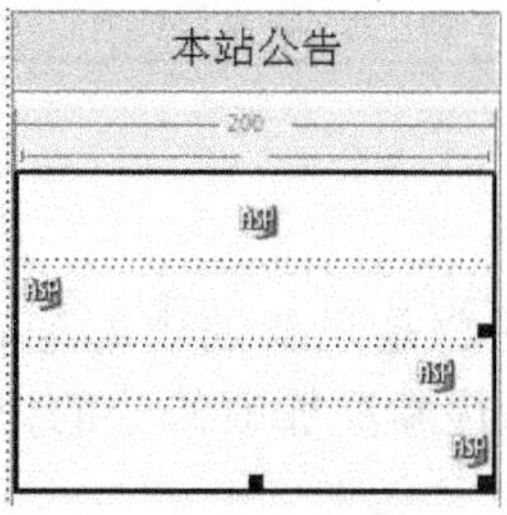

图 7-4　公告预览效果

```
<marquee>
<table width="200" height="135" border="0">
  <tr><td height="36" align="center" valign="middle" class="STYLE29">
  <%=(gg.Fields.Item("标题").Value)%></td>
  </tr><tr><td height="31" align="left" valign="top" class="STYLE18">
  <%=(gg.Fields.Item("内容").Value)%></td>
  </tr><tr><td align="right" valign="middle" class="STYLE18">
  <%=(gg.Fields.Item("部门").Value)%>  </td>
  </tr><tr><td height="35" align="right" valign="middle" class="STYLE18">
  <%=(gg.Fields.Item("日期").Value)%></td>
  </tr></table>
</marquee>
```

图 7-5　添加 marquee 代码

3）回到“设计”视图，再次选中表格，然后用键盘上的左或右方向键移动光标，在控制面板的“标签”面板的“属性”选项卡中就会显示 marquee 标签的属性，如图 7-6 所示。

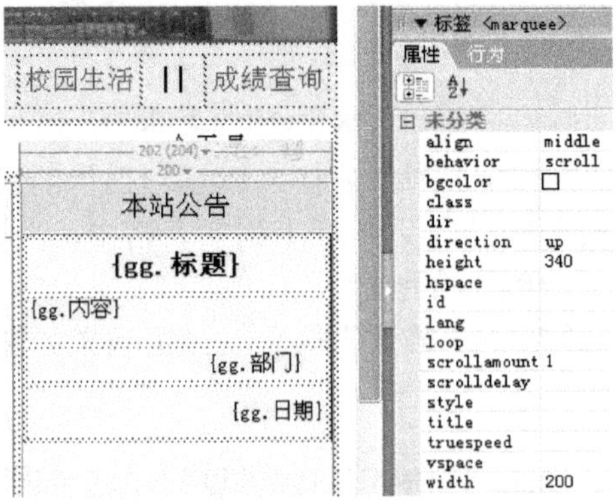

图 7-6　修改 marquee 标签的属性

4）设置几个必要的属性。滚动对象的水平对齐方式为居中（align：middle），滚动方式为连续滚动（behavior: scroll），滚动方向为从下往上（direction: up），滚动区域高度为 340px（height：340，这个值根据实际来设定），滚动速度为 1（scrollamount：1），滚动区域宽度为 200px（width：200，这个值根据实际来设定）。在代码视图中再加 2 个属性，结果变成<marquee onmouseover="this.stop()" onmouseout="this.start()">（注意，两个属性间是有空格分开的）。当鼠标悬停时滚动暂停，鼠标移出时滚动继续。其余属性保持默认就行。

任务评价

制作网站公告的任务比较简单，只是对滚动属性的设置不要忽略。

内　　容	分　　值	自　　评	师　　评
编辑公告内容	50		
设置公告滚动属性	50		
合　　计	100		

必备知识

为何公告显示的总是最新的内容呢？因为绑定公告记录集时，是按日期的降序来排列的，第一条记录就是最新添加或修改的记录。没有设置重复区域的时候，就只显示第一条记录的内容。

触类旁通

使用数据库 study.mdb，自行设计一个公告的显示网页，要求它向上滚动显示。

实习 1　设计制作网站公告的显示页面

实习目标：快速熟练地在首页 index.asp 中制作滚动的网站公告。

实习课时：2。

实习过程：

1）绑定公告记录集，按日期降序排列。

2）用表格将公告区域分为上、中、下 3 个部分，简单编辑好上、下两部分。

3）在中间再用表格规划公告正文的显示区域。将记录中的字段插入到单元格中。

4）选中中间部分的那个表格，在代码视图方式中为表格添加 marquee 滚动标签。

5）设置 marquee 的属性。

6）预览测试。

学习评价：

____

____

学习反思：

____

____

任务 2　管理网站公告

学习目标：通过学习网站公告的后台管理网页的设计方法，进一步熟练掌握后台数据的处理过程，注意灵活运用所学知识解决实际问题。

学习重点：网站公告的后台管理网页的设计。

学习难点：无。

学习方法：联系前面的相似网页的制作方法来学习制作公告管理网页。

学习课时：2。

任务情境

有前台的公告显示，必然在后台有相应的管理功能网页。可以利用记录的添加、修改和删除来设计网站的此功能。

任务分析

公告的后台管理与其他的后台管理一样，有 3 个管理功能网页，即添加公告 gg_add.asp、修改公告 gg_edit.asp 和删除公告 gg_del.asp，当然，还要另加管理主页面 gg_admin.asp。

打开网站，登录进入后台，浏览公告管理部分的网页。

任务实施

1. 编辑公告管理主页面 gg_admin.asp

1）打开公告管理主页面 gg_admin.asp，将标题改为“公告管理”。

2）在主体中插入 1 个 3 行 4 列的表格，将它的第 3 行合并为 1 个单元格。

3）绑定公告管理显示的提示记录集 gg，设置如图 7-7 所示。

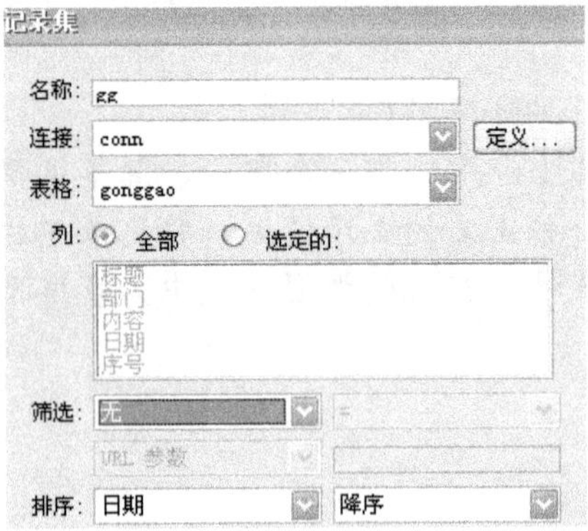

图 7-7　绑定公告记录集

4）编辑表格。输入必要的提示文字；插入记录集 gg 中的字段到表格中的相应单元格；设置好重复区域；添加记录集导航条和导航状态，如图 7-8 所示。

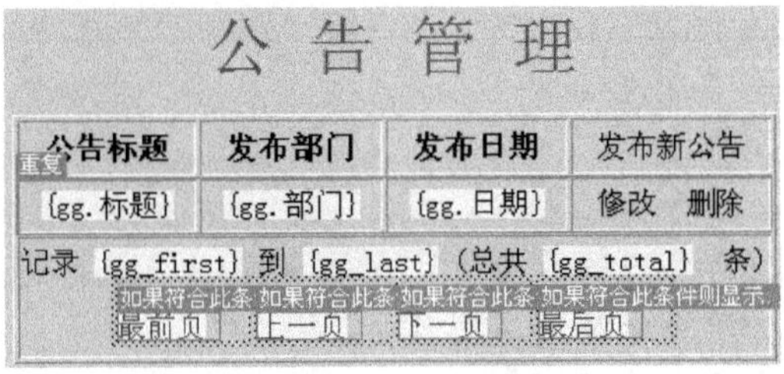

图 7-8　编辑“公告管理”页

5）设置好有关记录操作的超链接。将文字“发布新公告”建立链接到 gg_add.asp 的一般超链接；将文字“修改”2 个字“转到详细页面”gg_edit.asp，设置如图 7-9 所示；将文字“删除”2 个字“转到详细页面”gg_del.asp，设置如图 7-10 所示。

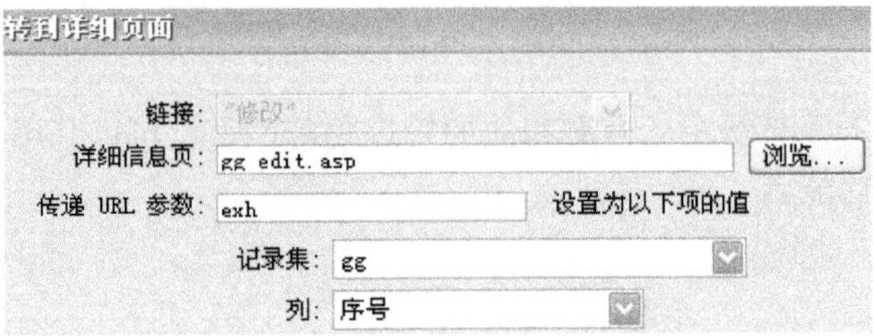

图 7-9　为“修改”添加超链接

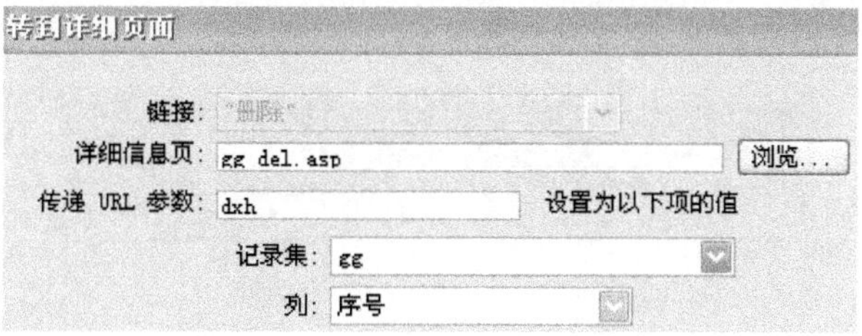

图 7-10　为“删除”添加超链接

6）本网页最后的编辑结果如图 7-11 所示。

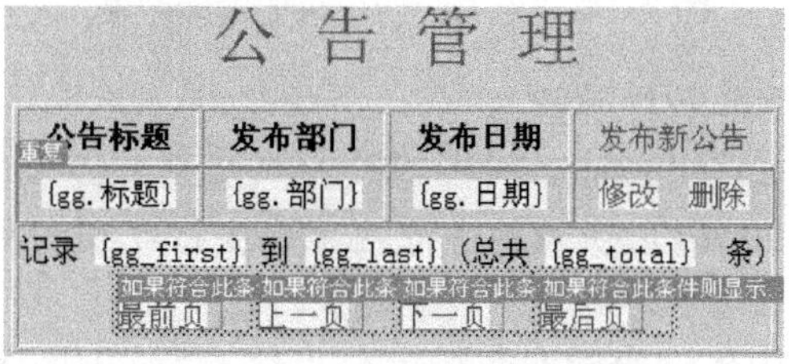

图 7-11　公告管理页编辑结果

2．编辑公告增加页面 gg_add. asp

1）打开公告增加页面 gg_add.asp，将标题改为“发布公告”。

2）在主体中插入表单 form1，在表单中插入 1 个 3 行 4 列的表格，将它的第 2 行和第 3 行分别合并为 1 个单元格。

3）编辑表单。输入必要的提示文字；添加文本字段，并取好相应的名称。设置编辑好 3 个按钮，特别是“返回”按钮；添加“检查表单”行为。结果如图 7-12 所示。

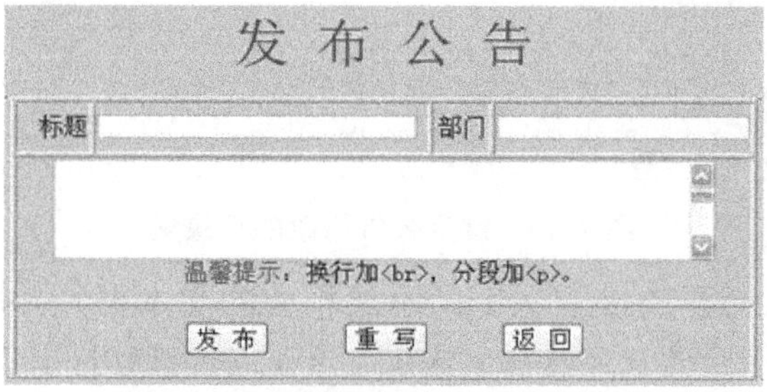

图 7-12　编辑“发布公告”页

4）添加“插入记录”服务器行为，设置如图 7-13 所示。

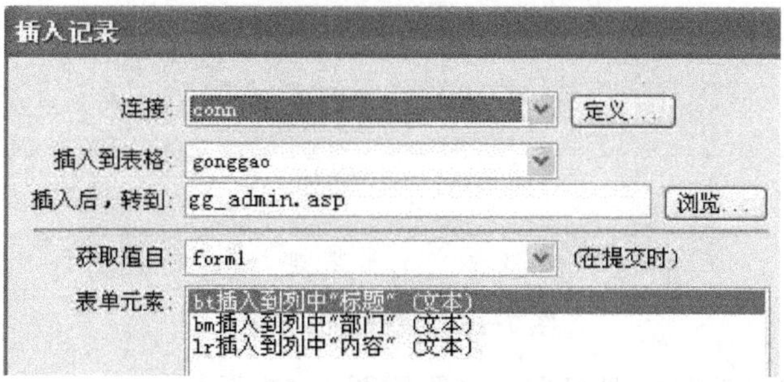

图 7-13　添加“插入记录”服务器行为

5）本网页最后的编辑结果如图 7-14 所示。

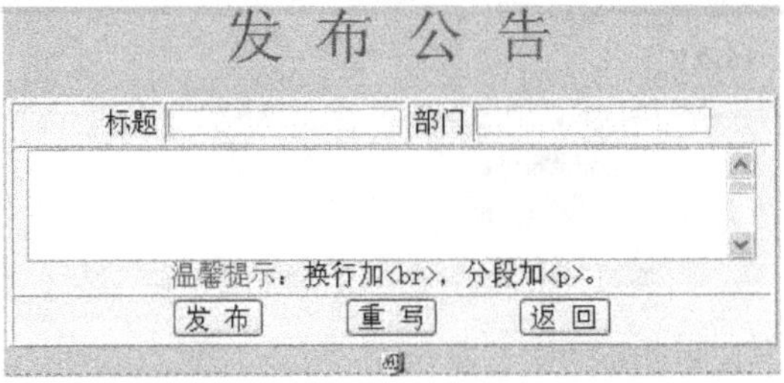

图 7-14 “发布公告”页的编辑结果

3. 编辑公告修改页面 gg_edit.asp

1）打开公告修改页面 gg_edit.asp，将标题改为“修改公告”。

2）在主体中插入表单 form1，在表单中插入 1 个 3 行 4 列的表格，将它的第 2 行和第 3 行分别合并为 1 个单元格。

3）用公告管理主页面中传递来的参数绑定公告修改所需的记录集 egg，设置如图 7-15 所示。

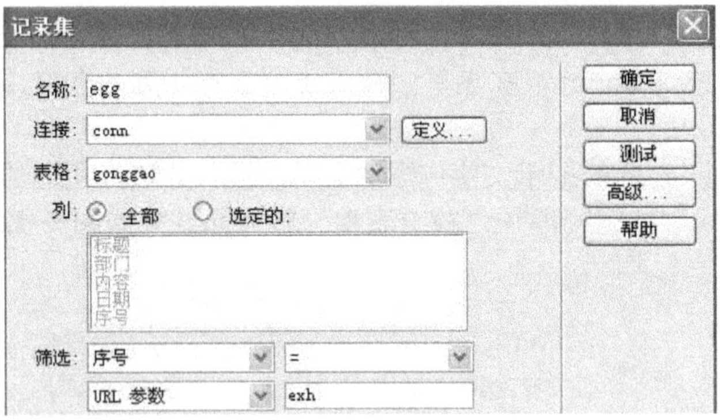

图 7-15 绑定公告修改的记录集

4）编辑表单。输入必要的提示文字；添加相应的文本框，并取好对应的名称；绑定记录集 egg 中的字段到相应的文本框中；添加一个记录当前时间的隐藏文本框，从而用它来修改最新修改公告的时间；设置好 2 个按钮；添加“检查表单”服务器行为，如图 7-16 所示。

图 7-16 编辑修改表单

5）添加“更新记录”服务器行为，设置如图 7-17 所示。

图 7-17　添加“更新记录”服务器行为

6）本网页最后的编辑结果如图 7-18 所示。

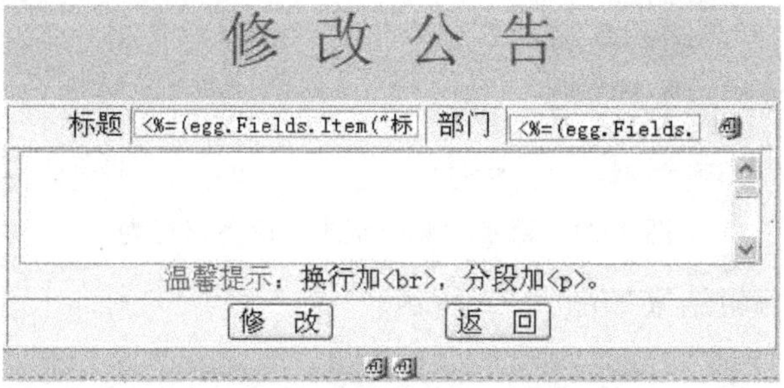

图 7-18 “修改公告”的编辑结果

4. 编辑公告删除页面 gg_del.asp

1）打开公告删除页面 gg_del.asp，将标题改为“删除公告”。

2）在主体中添加表单 form1，在表单中插入 1 个 3 行 6 列的表格，将它的第 2 行和第 3 行分别合并为 1 个单元格。

3）用公告管理主页面中传递来的参数绑定公告删除的提示记录集 dgg，设置如图 7-19 所示。

图 7-19　绑定“删除公告”的记录集

4）编辑表单。输入必要的提示文字；插入记录集 dgg 中的字段到表格中的相应单元格；设置好 2 个按钮，如图 7-20 所示。

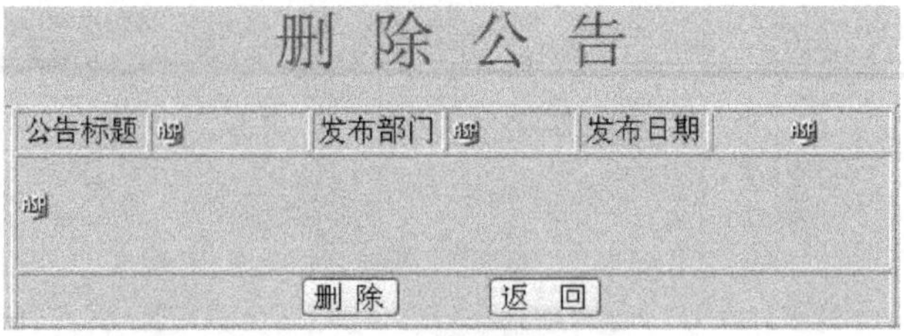

图 7-20　编辑删除表单

5）添加“删除记录”服务器行为，设置如图 7-21 所示。

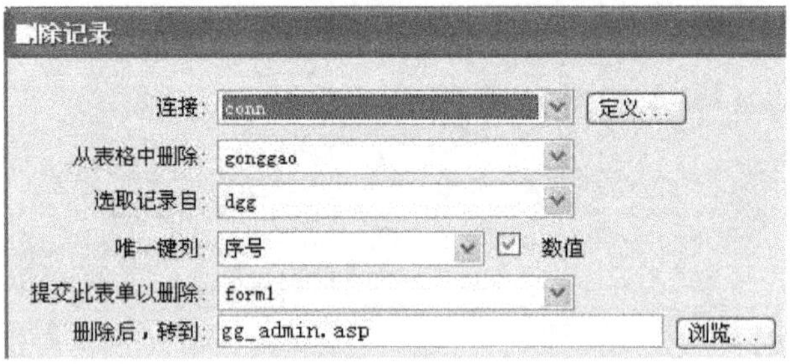

图 7-21　添加“删除记录”服务器行为

6）本网页最后的编辑结果如图 7-22 所示。

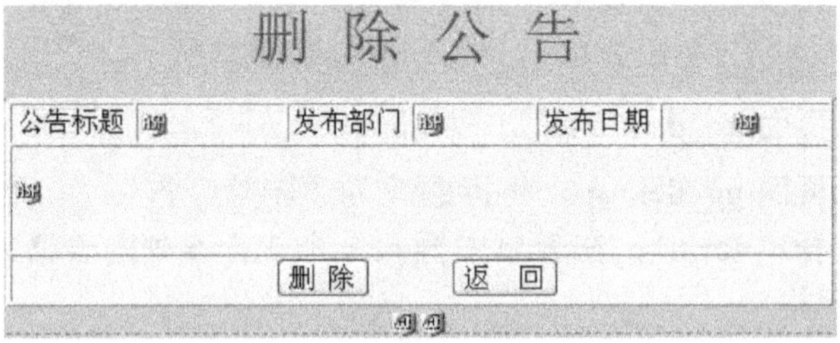

图 7-22　“删除公告”的编辑结果

任务评价

公告管理网页的设计制作方法，与前面学习过的管理网页很相似。

内　容	分　值	自　评	师　评
编辑公告管理主页面 gg_admin.asp	25		
编辑公告添加页面 gg_add.asp	25		
编辑公告修改页面 gg_edit.asp	25		
编辑公告删除页面 gg_del.asp	25		
合　计	100		

知 识 点

虽然在后台公告管理功能的设计过程中没有讲新知识，但是要注意以下几点。

1）在修改公告时，用了一个隐藏域来获取计算机系统的当前日期和时间，从而使修改后的旧公告变成最新的公告显示在首页的公告栏中。

2）添加公告时，网页中没有添加日期和时间，但设计数据表 gonggao 时，“日期”字段的默认值是计算机系统的当前日期和时间。因此，最后添加的公告也会显示在首页的公告栏中。这样，最后修改或添加的公告将显示在网站首页作为最新公告。

3）学习了很多类似操作，要学会总结，将所学知识转化成自己的能力。

触类旁通

在数据库 study.mdb 中创建通知数据表，设计一组动态网页对通知进行管理。

实习 2　设计制作网站公告的管理页面

实习目标： 快速熟练地制作公告管理主页面 gg_admin.asp、公告增加页面 gg_add.asp、公告修改页面 gg_edit.asp 和公告删除页面 gg_del.asp。

实习课时： 2。

实习过程：

1）设计制作公告管理主页面 gg_admin.asp。

2）设计制作公告增加页面 gg_add.asp。

3）设计制作公告修改页面 gg_edit.asp。

4）设计制作公告删除页面 gg_del.asp。

学习评价：

____

____

学习反思：

____

____

项目小结

网站公告功能是多数网站都有的。公告是很有实际作用的功能，因此，应认真领会设计思想，灵活设计类似网页。

设计网站公告的基本网页有以下一些。

1）在前台网页中显示最新公告，最好以滚动方式显示。

2）在后台设计公告管理主页面。

3）设计添加公告页面。

4）设计修改公告页面。

5）设计删除公告页面。

实战强化

在数据库 study.mdb 中创建通知数据表，在首页中显示最新通知，在后台中对通知进行管理。

习题

1. 填空题

1）要在网页中滚动显示内容，可为它加上（　　　　　　　　）标签。

2）为了让滚动的公告在鼠标悬停时停下来，应该为滚动标签加上的属性代码是（　　　　　　　　　　　　　　　　　　　　）。

2. 判断题

1）无论怎样绑定公告记录集，在公告区域显示的总是最新公告。（　　）

2）公告管理只需设计发布公告和修改公告两大功能。（　　）

3. 简答题

简述滚动公告的制作过程。

项目 8 制作管理员登录与管理网页

本项目是整个网站的安全核心，前面几章中所讲到的后台操作，都是由管理员登录后才能实施的，一般用户和游客不可能进入后台操作。安全没有设计好，网站在实际运行中就会产生很多不必要的麻烦。因此，可以从多个方面对安全实施保障。比如，管理必须由本站合法管理员正确登录后进行；将有关管理的网页的文件夹、文件名不按常规取名；甚至可以不在前台网页中出现超链接等。

任务 1 管理员登录

学习目标： 学习管理员登录页面和后台主页面的设计制作。学习整体考虑问题的方法。
学习重点： 管理员登录页面和后台主页面的设计制作。
学习难点： 登录用户中的代码修改。
学习方法： 将前面学习过的内容联系起来，由后台主页面统一管理后台操作。
学习课时： 2。

任务情境

动态网站都有管理后台，在前面的学习中也经常说进入后台，这个管理后台是任何人都可以进入的吗？是怎样进入的？是否进入后台，网页有什么不一样吗？

后台很重要，但设计此功能也没有什么特别的。管理员登录主要还是利用了“登录用户”的有关知识让普通用户不能登录到后台。

任务分析

管理后台不是谁都可以进入的，因为管理后台是动态网站的管理核心。只有合法的管理员，通过正确登录后才能进入网站后台，对整个网站进行维护管理。管理员的操作涉及网站的安全，因此，后台页面设计就要时刻牢记安全问题，不能让没有通过管理登录的用户进入后台操作。

管理员登录主要包括 2 个网页的编辑操作，即管理登录页 admin_login.asp 和后台管理页 admin.asp。

打开网站，登录网站管理后台。进入管理后台页后，有什么不一样吗？能看出已经进入管理后台了吗？

任务实施

1. 编辑管理登录页 admin_login.asp

1）在网站首页右下角输入“管理登录”，再把它建立到管理登录页 admin_login.asp 的一般超链接，如图 8-1 所示（我要留言→ly_list.asp，我要评价→ly_bzpj.asp）。

2）打开文件 admin_login.asp，将标题改为“管理登录”。

3）用表格规划网页。

4）添加登录表单 form1，用表格规划表单。

5）编辑表单。输入必要的文字提示信息，设置好文本格式；添加文本框，取好名称；编辑好 2 个表单按钮。结果如图 8-2 所示。

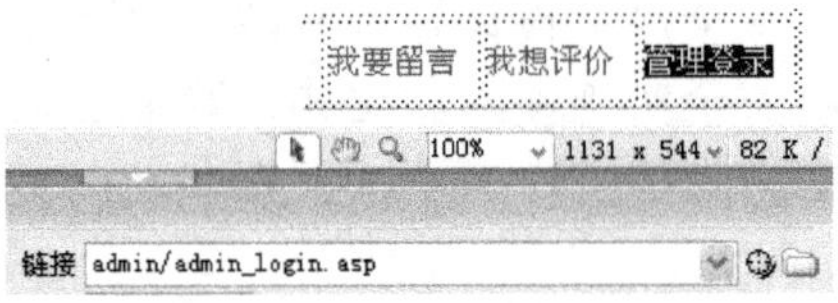

图 8-1　首页右下角的管理登录链接

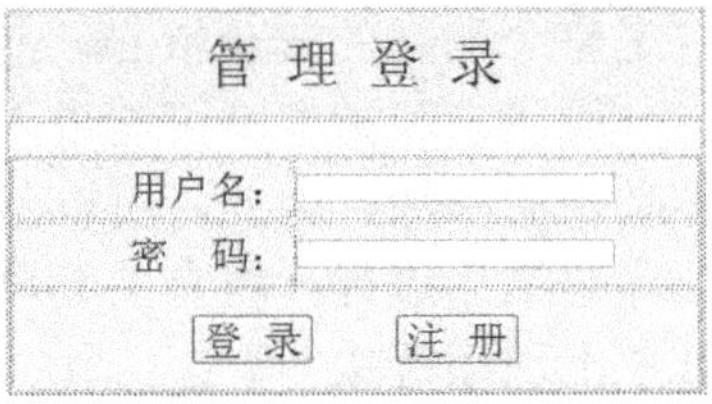

图 8-2　编辑好的“管理登录”表单

6）添加“登录用户”服务器行为，设置如图 8-3 所示。在图 8-3 中可以看到，这里的设置与普通用户登录类似，只不过这里的访问级别是“类型”。加上访问级别的目的是为了不让普通用户登录到后台，只能让数据表 users 中的“管理员”级别的用户通过。这是安全的需要。

下面，还要转到“代码”视图方式，在“登录用户”的代码段 where 子句中增加几个字符“and 类型='管理员'”，也可再多加几个字符变成“and 类型='管理员' and 审核='通过'”（表示增加的管理员也可能是没有通过审核的）。代码修改前后的对比如图 8-4 所示（修改“登录用户”的代码后，在服务器行为中看不到这个行为了）。

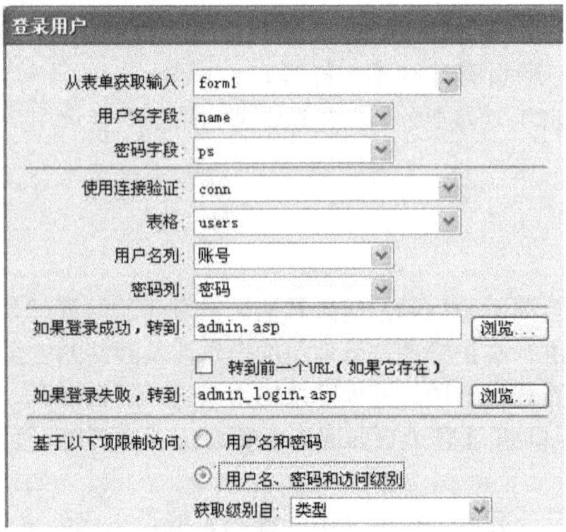

图 8-3　添加“登录用户”服务器行为

图 8-4　修改“登录用户”代码

另外，在“登录用户”这段代码中还有下面这一行代码：

```
Session("MM_Username") = MM_valUsername
```

上面的代码用来保存阶段变量 MM_Username，而这个阶段变量是用来保存登录管理员的账号的。为了安全，最好将默认的保存登录管理员的账号的阶段变量 MM_Username 换成其他变量，如 MM_gly_Username。也就是将上面这一行代码改为：

Session("MM_gly_Username") = MM_valUsername

7）编辑好后的网页如图 8-5 所示。

图 8-5　管理登录页

2. 后台管理页 admin.asp 的编辑

1）打开文件 admin.asp，将标题改为“后台管理”。

2）绑定用户表中的管理员记录集 gly，设置如图 8-6 所示（若在上面的“登录用户”代码段中修改了阶段变量，这里的阶段变量也输入 MM_gly_Username）。

3）在网页上部的适当位置录入一些登录成功的提示性文字，并插入记录集中的字段{gly.姓名}，以确认是哪位管理员进入了后台，如图 8-7 所示。

4）选中“注销”，添加“注销用户”服务器行为。设置好对话框，结果如图 8-8 所示。

5）用 1 行 2 列的表格规划主体部分，在左右两部分中再分别插入表格进行规划。根据规划，录入文字，并进行文本格式设置。最后，添加正确的一般超链接，如图 8-9 所示。

管理员登录后，应在后台部分的所有网页中加上如图 8-7 所示的有关管理员登录的信息和如图 8-8 所示的“注销用户”服务器行为。这样做至少有两个好处，一方面可以清楚地看到当前自己是不是进入了后台进行管理；更重要的是，加上管理员登录信息后，没有通过管理登录的用户就进不了后台的网页，不是管理员，就无法随意修改网站中的信息。

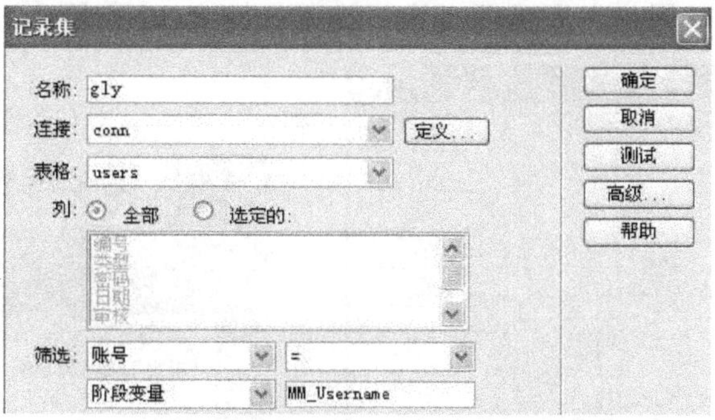

图 8-6　绑定登录的管理员记录集

图 8-7　添加登录提示

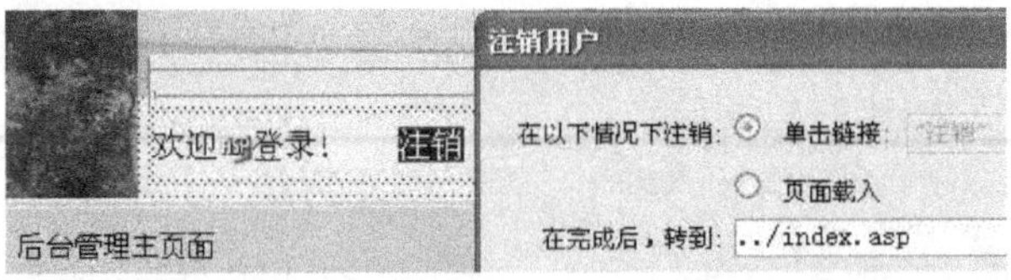

图 8-8　添加“注销用户”服务器行为

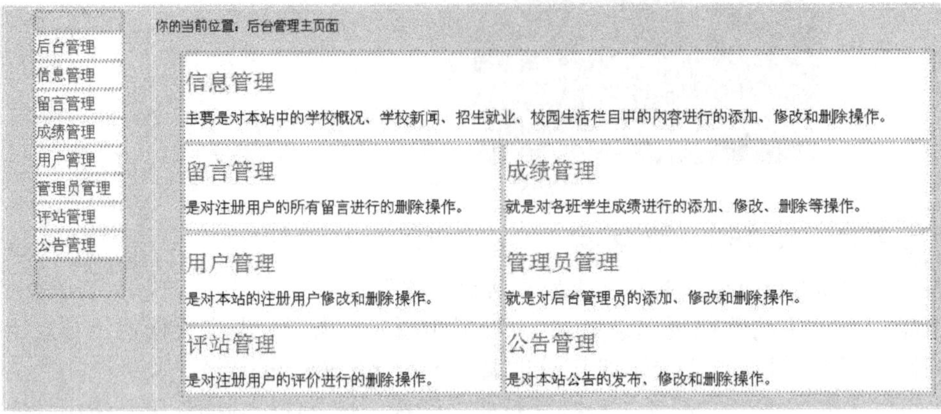

图 8-9　后台管理主页面

3. 添加管理员提示信息

有些后台网页本身就有类似的防止非法用户进入的信息（如带参数绑定的记录集），因此，现在只需在原来没有这种信息的网页中添加。在每个需要添加这些信息的网页中的编辑操作是一样的，因此，这里仅以信息管理页面 xx_admin.asp 的添加操作为例进行讲解。

1）打开信息管理页面 xx_admin.asp。

2）绑定管理员记录集 gly，设置如图 8-10 所示（与图 8-6 完全一样）。

3）在网页的顶部适当位置录入一些管理员登录成功的提示文字，插入字段{gly.姓名}，再为“注销”添加“注销用户”服务器行为。结果如图 8-11 所示。

图 8-10　绑定登录的管理员记录集

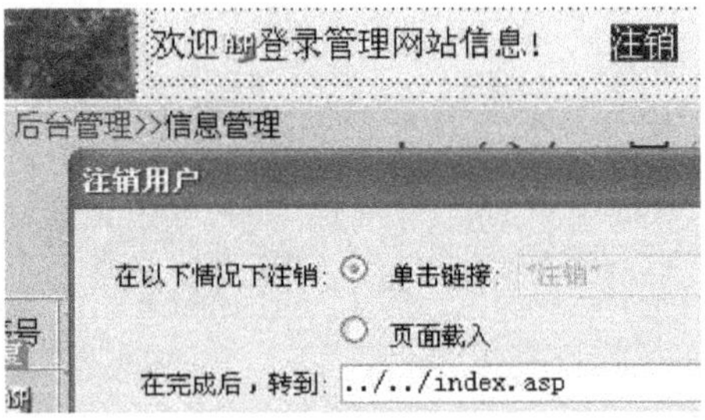

图 8-11　为“注销”添加“注销用户”服务器行为

实际上，这个操作过程与在后台管理主页面中的操作过程完全一样。

任务评价

只有合法的管理员才能凭管理员账号和管理员密码进入网站的管理后台进行后台管理

维护。为了安全，在后台网页的所有网页都应进行安全设计。

内　容	分　值	自　评	师　评
管理员登录页 admin_login.asp 的设计	20		
添加“登录用户”服务器行为并修改代码	20		
后台管理主页 admin.asp 的设计	20		
添加“注销用户”服务器行为	10		
对后台网页进行安全设计	30		
合　计	100		

知识点

管理员登录页与用户登录页很相似，只是进入的网页不同，所担负的责任有别。进入后台后，最好在每个后台网页中都加上管理员登录后的提示信息，它既对管理员比较友好，又对网站的安全更有保障。

管理员登录的有关操作如下。

1）按前台布局设计管理员登录页面。

2）为管理员登录页添加“登录用户”服务器行为，并修改代码。

3）按后台布局设计后台管理主页面。正确绑定管理员记录集，添加进入后台的提示信息，添加“注销用户”服务器行为。

4）对后台的所有网页进行安全检查，对不安全的网页进行安全设计。

触类旁通

使用数据库 study.mdb，设计两种以上的后台登录及安全的一系列措施，编辑好有关网页，并在实践中比较它们的优劣。

实习 1　设计制作管理员登录页面

实习目标：熟练地创建管理登录页 admin_login.asp 和后台管理页 admin.asp。

实习课时：2。

实习过程：

1）设计制作管理登录页 admin_login.asp。

① 添加表单，规划编辑表单。

② 添加“登录用户”服务器行为。

③ 修改“登录用户”代码段中的少许代码，只让管理员登录。

2）设计制作后台管理页 admin.asp。

① 用登录管理员账号绑定记录集，并在页面中加上管理员登录的提示信息。

② 规划好后台管理主页面，将所有管理功能明确地摆放在适当位置。

③ 建立好到各管理分页面的一般超链接。

学习评价：

____

____

学习反思：

____

____

任务 2 管理员管理

学习目标：学会管理员管理的方法，进一步理解后台管理主页面的功能设计，规划设计管理员管理的相关页面。

学习重点：规划设计管理员管理的相关页面。

学习难点：思考问题要细致周到。

学习方法：学习理解管理员管理的具体方法，用以设计自己的相关页面。

学习课时：2。

任务情境

对于一般用户和网站的管理由管理员来操作，对管理员的管理又由谁来负责呢？

管理员的管理功能和一般用户的管理一样，主要包括增加管理员、修改管理员和删除管理员等功能。

任务分析

一般，对管理员的管理还是由管理员自己负责。因此，管理员不能多，有二三人就可以了。

管理员管理包括的网页有管理员管理主页面 gly_admin.asp、管理员增加页面 gly_add.asp、管理员增加失败页面 gly_add_wrong.asp、管理员修改页面 gly_edit.asp 和管理员删除页面 gly_del.asp。它们都包含于后台管理页面部分。

用某个管理员的账号和密码登录后台，浏览管理员管理有关页面。

任务实施

1. 编辑管理员管理主页面 gly_admin.asp

1）打开管理员管理主页面 gly_admin.asp，将标题改为“管理员管理”。

2）在主体中插入 1 个 2 行 3 列的表格。因为每个网站的管理员不会很多，一般两、三名就可以了，所以不需要分页显示，插入的表格只需要 2 行就可以了。

3）绑定管理员显示的提示记录集 gl，设置如图 8-12 所示。

4）编辑表格。输入必要的提示文字；插入记录集 gl 中的字段到表格中的相应单元格；设置好重复区域（显示“所有记录”），如图 8-13 所示。

图 8-12　绑定管理员记录集

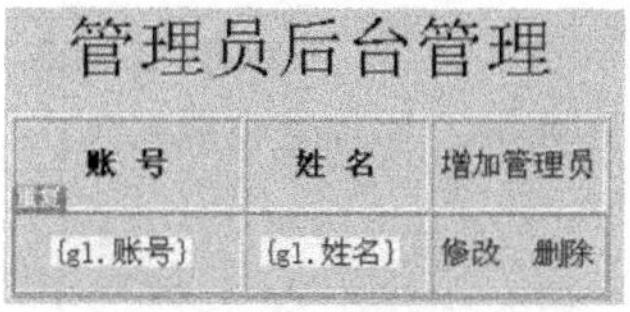

图 8-13　设置重复区域

5）设置好有关记录操作的超链接。将文字“增加管理员”建立链接到 gly_add.asp 的一般超链接；将文字“修改”2 个字“转到详细页面”gly_edit.asp，设置如图 8-14 所示；将文字“删除”2 个字“转到详细页面”gly_del.asp，设置如图 8-15 所示。

图 8-14　为“修改”添加超链接

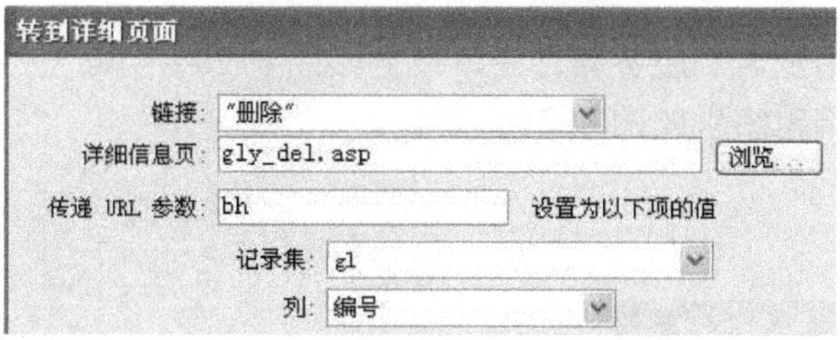

图 8-15　为“删除”添加超链接

6）本网页最后的编辑结果如图 8-16 所示。

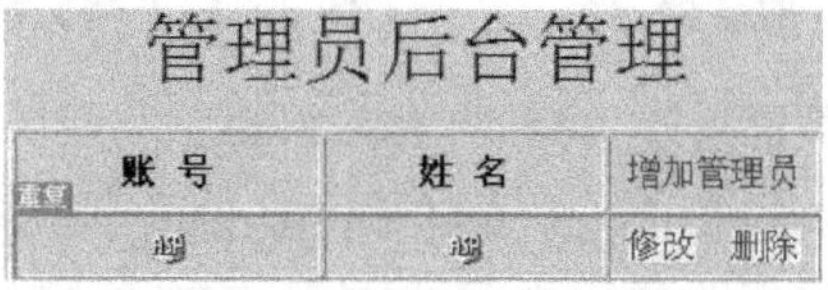

图 8-16　管理员后台管理页

2．编辑管理员增加页面 gly_add.asp

1）打开管理员增加页面 gly_add.asp，将标题改为“增加管理员”。

2）在主体中插入表单 form1，在表单中插入 1 个 3 行 4 列的表格，将它的第 3 行合并为 1 个单元格。

3）编辑表单。输入必要的提示文字；添加文本字段，并取好相应的名称。设置编辑好 2 个按钮，特别是“返回”按钮；添加“检查表单”服务器行为。结果如图 8-17 所示。在“类型”后添加的是下拉列表框，因为这里只能选择“管理员”或“普通用户”，在它后面还插入了隐藏文本框，保存了“审核”字段的值“通过”，设置如图 8-18 所示。

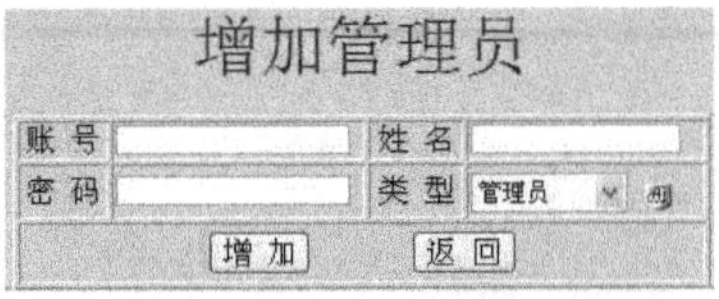

图 8-17　添加管理员表单

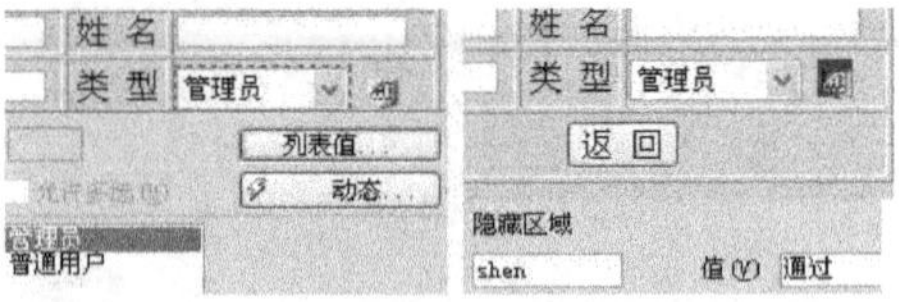

图 8-18　为“类型”下拉列表框和“审核”隐藏文本框添加值

4）添加“插入记录”服务器行为，设置如图 8-19 所示。

图 8-19　添加“插入记录”服务器行为

5）添加“检查新用户名”服务器行为，设置如图 8-20 所示。

6）本网页最后的编辑结果如图 8-21 所示。

图 8-20　添加“检查新用户名”服务器行为

图 8-21　“增加管理员”页的编辑结果

3．编辑管理员增加失败页面 gly_add_wrong.asp

1）打开编辑管理员增加失败页面 gly_add_wrong.asp，将标题改为“增加管理员失败”。

2）在页面主体中输入一些失败原因提示的文字和自动跳转提示。刷新设置如图 8-22 所示。本页面的编辑结果如图 8-23 所示。

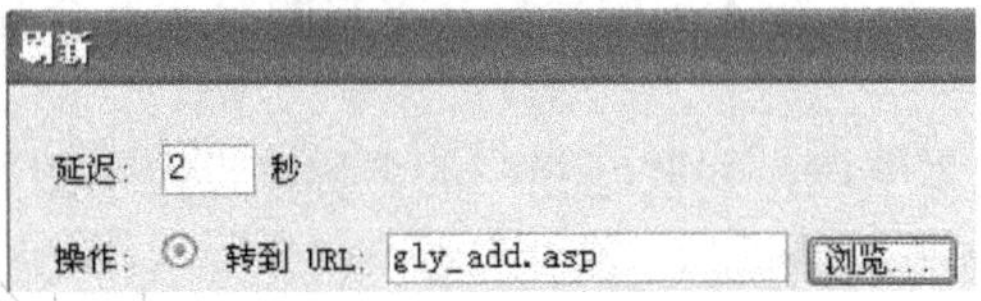

图 8-22　增加管理员失败页中刷新的设置

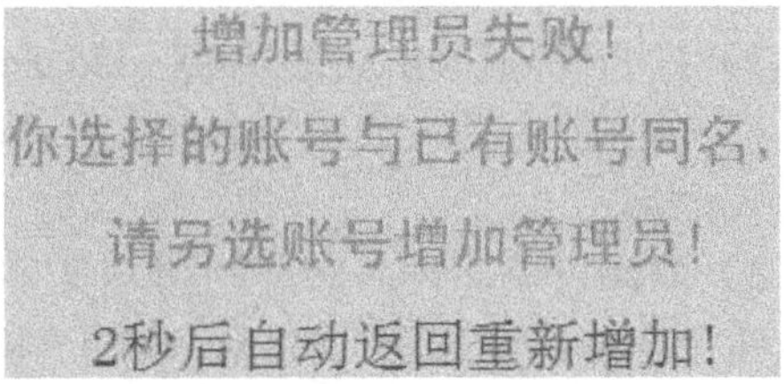

图 8-23　增加管理员失败的提示

4. 编辑管理员修改页面 gly_edit.asp

1）打开管理员修改页面 gly_edit.asp，将标题改为“修改管理员”。

2）在主体中插入表单 form1，在表单中插入 1 个 3 行 4 列的表格，将它的第 3 行合并为 1 个单元格。

3）用管理员管理主页面中传递来的参数绑定管理员修改所需的记录集 egl，设置如图 8-24 所示。

4）编辑表单。输入必要的提示文字；添加相应的文本框，并取好对应的名称；绑定记录集 egl 中的字段到相应的文本框中。“审核”和“类型”添加的是下拉列表框，没有与字段绑定，它们的列表值与管理员增加页面相同；设置好 2 个按钮；添加“检查表单”服务器行为。结果如图 8-25 所示。注意，账号是不能修改的。

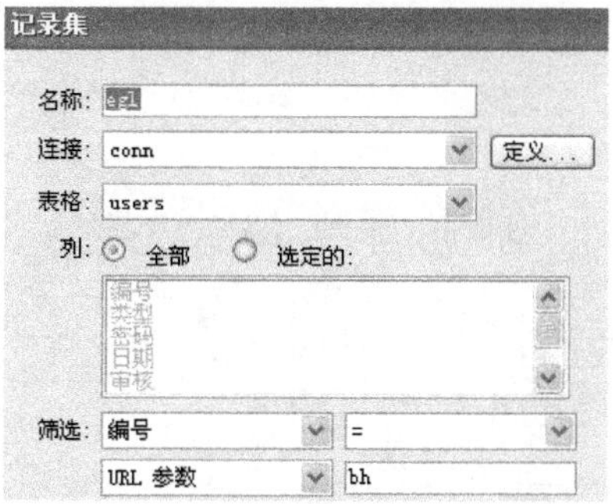

图 8-24　绑定修改管理员记录集

图 8-25　编辑修改管理员表单

5）添加“更新记录”服务器行为，设置如图 8-26 所示。

6）本网页最后的编辑结果如图 8-27 所示。

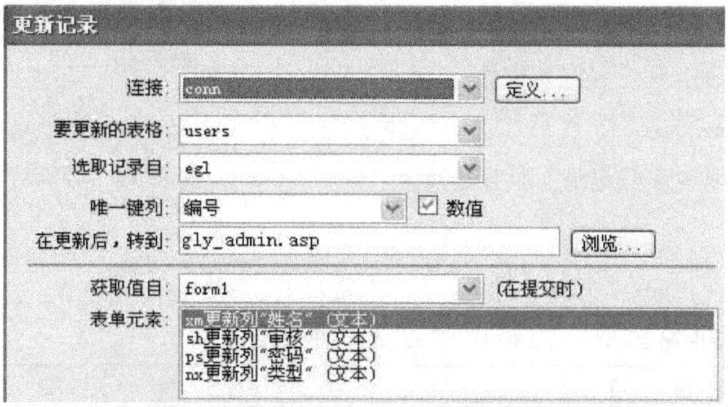

图 8-26　添加“更新记录”服务器行为

图 8-27　修改管理员页的编辑结果

5．编辑管理员删除页面 gly_del.asp

1）打开管理员删除页面 gly_del.asp，将标题改为“删除管理员”。

2）在主体中添加表单 form1，在表单中插入 1 个 4 行 4 列的表格来规划表单，将它的第 4 行合并为 1 个单元格。

3）用管理员管理主页面中传递来的参数绑定管理员删除的提示记录集 dgly，设置如图 8-28 所示。

4）编辑表单。输入必要的提示文字；插入记录集 dgly 中的字段到表格中的相应单元格；设置好 2 个按钮，如图 8-29 所示。

5）添加“删除记录”服务器行为，设置如图 8-30 所示。

6）本网页最后的编辑结果如图 8-31 所示。

图 8-28　绑定删除管理员记录集

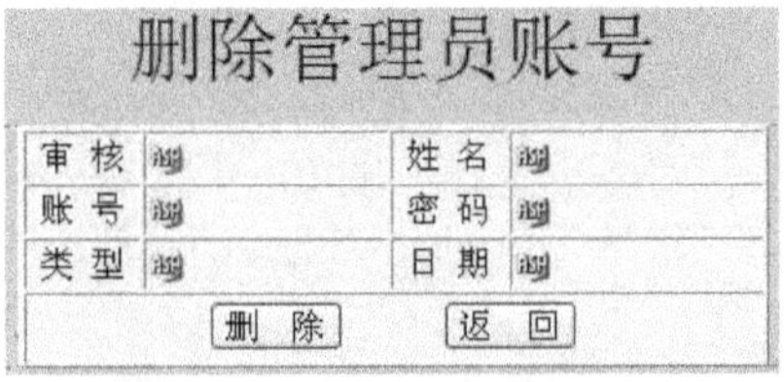

图 8-29　编辑删除管理员表单

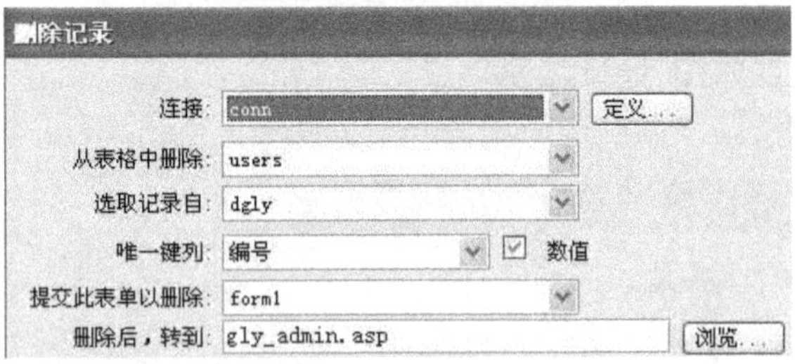

图 8-30　添加“删除记录”服务器行为

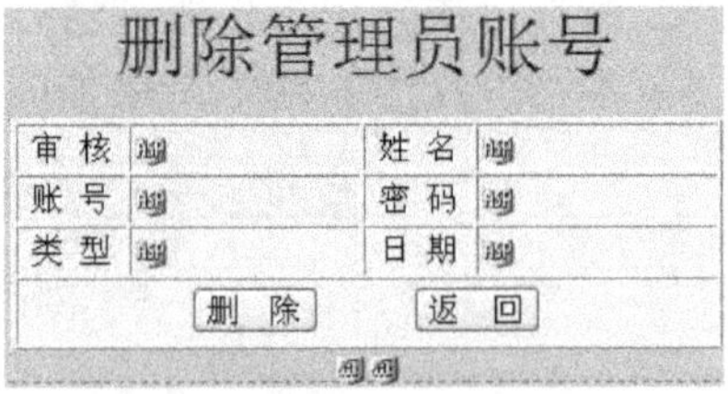

图 8-31　删除管理员页的编辑结果

任务评价

管理员管理功能非常重要，但是设计方法并不陌生。

内　　容	分　　值	自　　评	师　　评
制作管理员管理主页面 gly_admin.asp	30		
制作管理员增加页面 gly_add.asp	20		
制作管理员增加失败页面 gly_add_wrong.asp	10		
制作管理员修改页面 gly_edit.asp	20		
制作管理员删除页面 gly_del.asp	20		
合　　计	100		

知识点

管理员管理的所有网页的设计没有新方法和技巧，主要是在设计时应全面思考。

触类旁通

在数据库 study.mdb 中创建一个管理员数据表，用它设计自己的后台管理主页面和后台管理员管理相关页面，加上适当的管理员登录和操作提示。

实习 2　设计制作管理员管理页面

实习目标：熟练地设计制作管理员管理主页面 gly_admin.asp、管理员增加页面 gly_add.asp、管理员增加失败页面 gly_add_wrong.asp、管理员修改页面 gly_edit.asp 和管理员删除页面 gly_del.asp。

实习课时：2。

实习过程：

1）设计制作管理员管理主页面 gly_admin.asp。

2）设计制作管理员增加页面 gly_add.asp。

3）设计制作管理员增加失败页面 gly_add_wrong.asp。

4）设计制作管理员修改页面 gly_edit.asp。

5）设计制作管理员删除页面 gly_del.asp。

学习评价：

____

____

学习反思：

____

____

项目小结

管理员登录和管理员管理都是网站十分重要的部分。相关网页的设计没有什么困难，但是，本项目的所有网页都应从安全角度设计。本项目的主要内容如下。

1）按网站前台模式，设计制作管理登录页 admin_login.asp。

2）按网站后台模式，设计制作后台管理页 admin.asp。

3）设计制作管理员管理主页面 gly_admin.asp。

4）设计制作管理员增加页面 gly_add.asp。

5）设计制作管理员修改页面 gly_edit.asp。

6）设计制作管理员删除页面 gly_del.asp。

实战强化

在数据库 study.mdb 中创建一个管理员数据表，用它设计网站管理员登录和后台管理员管理相关的页面，在适当的网页中加上合理的管理员登录和操作提示。

习题

1．填空题

1）为了仅让合法的管理员登录后台，在“登录用户”服务器行为的代码段中应该加入的代码是（　　　　　　）。

2）在为管理员管理页绑定记录集时，筛选条件为：类型=（　　　　　　　　）管理员。

2．判断题

1）后台操作结束后，“注销用户”有利于网站安全。（　　）

2）只要在后台管理主页面中，利用登录用户名变量绑定了记录集，并在网页中加上了有关提示信息，那么后台管理就都安全了。（　　）

3）因为一般网站的管理员都不多，所以显示管理员信息时不必分页。（　　）

3．简答题

如何才能使后台网页比较安全？

实训项目 4　新 闻 网 站

实训目标：综合运用所学知识，快速独立地规划设计以“新闻网站”为主题的网站，熟练地完成有关网页的编辑任务，在规定的时间内制作好一个相对完整的网站。

实训课时：6。

实训满分：100 分。

实训过程：

1）创建合理的文件夹，创建数据库表：新闻表、管理表。（10 分）

在 E:盘创建以年级班级代码和学号为文件名的网站根文件夹，再创建合理的网站文件夹，如 E:\2101\data。在 data 文件夹下创建 Access 数据库 student.mdb，建立新闻（至少 10 条记录）和管理（至少 2 条记录）2 个数据表，表结构分别见表 8-1 和表 8-2。

表 8-1　新闻表的表结构

字段名	序号	标题	作者	单位	栏目	日期	内容
类型	自动编号	文本	文本	文本	文本	日期/时间	备注
大小	长整递增	50	10	40	10	默认 date（）	
主键否	主键						

表 8-2　管理表的表结构

字段名	编 号	账号	姓名	密码	审核	日期	类型
类型	自动编号	文本	文本	文本	文本	日期/时间	文本
大小	长整递增	20	10	20	10	默认 now（）	10
主键否	主键				默认值“通过”		默认值“管理员”

2）设置正确的 IIS，以“新闻管理”为名定义正确的本地 ASP 动态站点，添加网站与数据库正确连接的代码。（10 分）

3）前台部分：新闻分类显示。（30 分）

① 编辑制作网站首页 index.asp。规划好页眉、主体和页脚，有合适的站标图和横幅图，有合理的导航栏（其中必须有链接到新闻显示和管理登录的超链接），页脚中有正确的版权信息。

② 编辑制作首页 index.asp 中最近 15 条新闻的标题列表，单击能显示它的详细信息。

③ 编辑制作显示所有新闻标题的新闻提示页 news.asp。

④ 编辑制作新闻内容显示页 ns_view.asp。

4）管理员登录、退出。（18 分）

① 编辑制作管理登录页 login.asp。根据账号和密码登录后台进行用户管理操作。

② 编辑制作管理员信息显示与修改页 ad_infor.asp。显示登录管理员的有关信息，并在此页中提供修改管理员信息的功能。

③ 在相关网页加上登录提示和注销功能。

5）后台部分：新闻管理。（32 分）

① 编辑制作新闻管理主页 cj_admin.asp。能显示所有的新闻提示；能链接到新闻添加、修改、删除页，并传递正确的参数到二级页面。

② 编辑制作新闻添加页 cj_add.asp。实现成绩添加功能，能直接返回到管理主页。

③ 编辑制作新闻修改页 cj_edit.asp。实现成绩修改功能，能直接返回到管理主页。

④ 编辑制作新闻删除页 cj_del.asp。实现成绩删除功能，能直接返回到管理主页。

项目 9 调试网站系统

到现在为止，整个网站的所有网页已经基本编辑好了。对制作本地站点来说，就只剩下最后一步，即系统调试。这里就根据项目 1 所规划的网站结构依次检测：检查每个页面的标题是否合适，检查每个页面还有没有提示信息需要添加或修改，检查网页中用到的参数是不是正确的，每个网页中所建立的各种超链接是不是正确无误等。全部逐一预览每个网页，对每个网页的每种功能都再实际操作一遍。

任务 1 调试网站前台

学习目标：认真检查测试前台中的每个网页，从整体上测试它们之间的链接关系，从细节中检查是否有编辑上的失误。学习整体考虑问题的方法。

学习重点：检查前台网页之间的链接关系及各个网页的标题等信息。

学习难点：仔细地检查每个网页。

学习方法：逐一浏览编辑。

学习课时：2。

任务情境

网站初步设计制作出来了，究竟还需要添加什么功能？网站内部是否有错误？网站中的所有超链接是否都正常？这些都要再仔细地检查和思考。

本任务就是在首页中添加两个特殊的超链接代码，再逐一检查前台部分的每一个网页。

任务分析

为了方便浏览用户将本网站设为首页和加收到自己的收藏夹，特添加“设为首页”和“加入收藏”这两个超链接。

除了首页，前台部分的其他网页不再作改变了，只是要逐个按设计要求依次检查。

任务实施

添加“设为首页”和“加入收藏”代码

在首页的右上角再添加 2 个特殊的超链接，即“设为首页”和“加入收藏”。它们的代码分别为<a onclick="window.location.href;this.style.behavior='url(#default#homepage)'; this.sethomepage ('http://zysc.web968.com');"href="#">设为首页</a>和<a href="javascript: window.external. addfavorite ('http://zysc. web968.com','职业技术学校')">加入收藏</a>。

前台网页的编辑效果图

经过逐一调试，即做好了网站前台部分网页的最后编辑效果。

1）网站首页 index.asp，如图 9-1 所示。

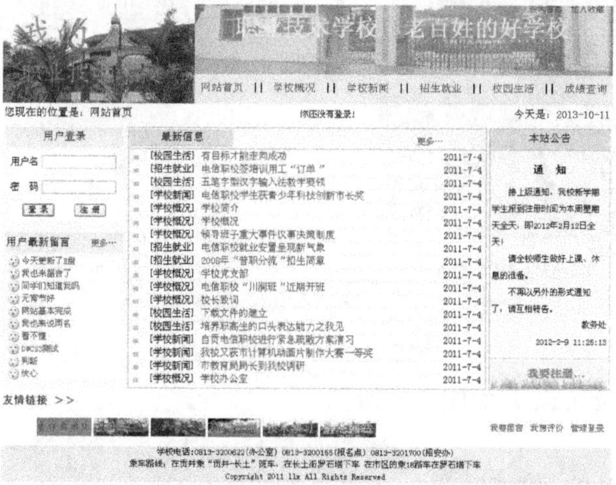

图 9-1 网站首页

2）用户注册页 us_add.asp，如图 9-2 所示。

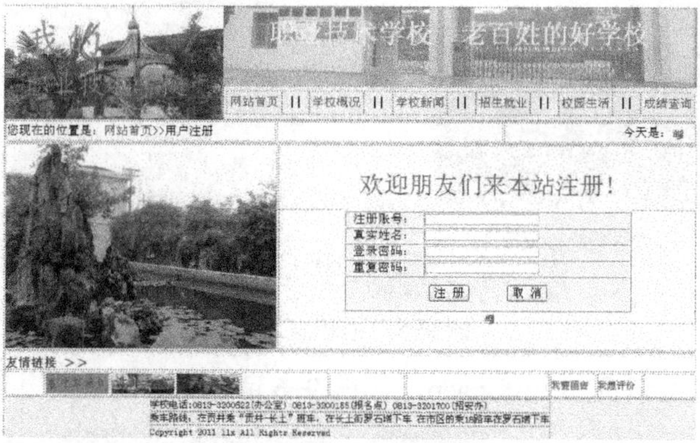

图 9-2 用户注册页

3）用户注册成功页 us_add_ok.asp，如图 9-3 所示。

图 9-3 用户注册成功页

4）用户注册失败页 us_add_wrong.asp，如图 9-4 所示。

图 9-4　用户注册失败页

5）用户登录页 login.asp，如图 9-5 所示。

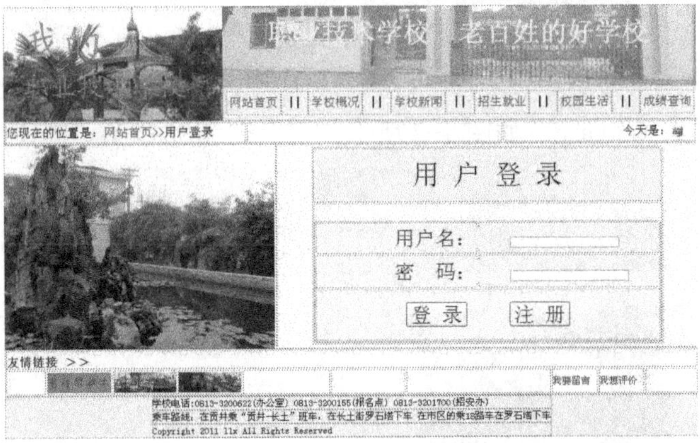

图 9-5　用户登录页

6）注册用户信息显示页 us_infor.asp，如图 9-6 所示。

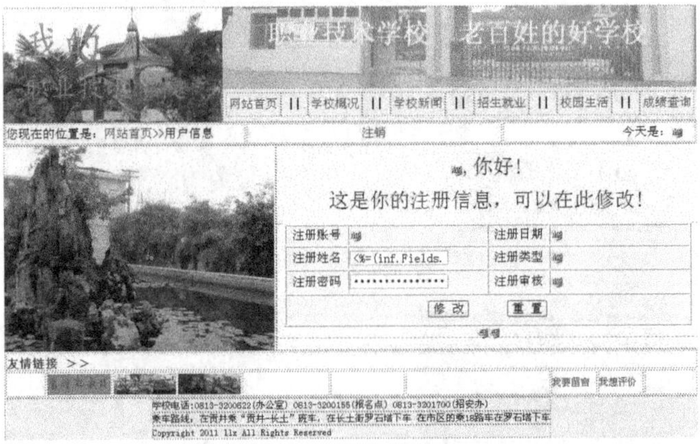

图 9-6　注册用户信息显示页

7）单个留言显示页 ly_view.asp。在“关闭本页”的链接框中输入“javascript: window.close()”，如图 9-7 所示。

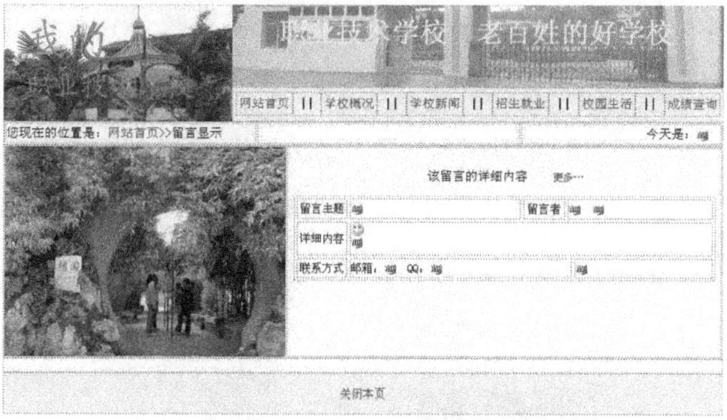

图 9-7　单个留言显示页

8）留言显示与签写页 ly_list.asp，如图 9-8 所示。

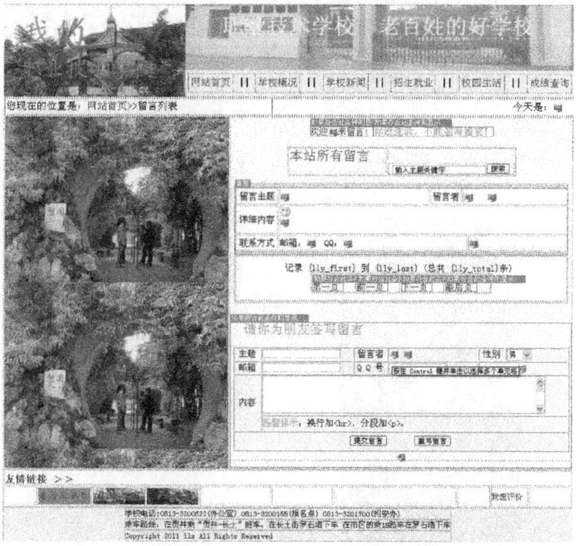

图 9-8　留言显示与签写页

9）留言搜索页 ly_search.asp，如图 9-9 所示。

图 9-9　留言搜索页

10）本站评价页 ly_bzpj.asp，如图 9-10 所示。

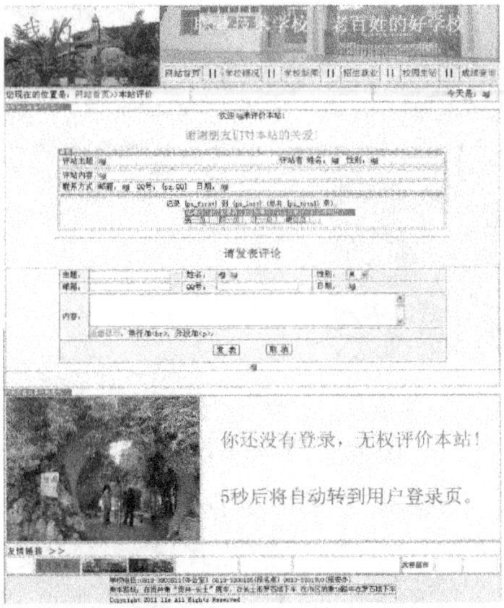

图 9-10　本站评价页

11）成绩查询页 cj_search.asp，这是首页中的“成绩查询”的链接目标页。此页把“登录用户”中保存“账号”的阶段变量改成了 MM_xjh，转到 cj_view.asp，如图 9-11 所示。

图 9-11　成绩查询页

12）成绩显示页 cj_view.asp。绑定时的“筛选”为“账号=阶段变量 MM_xjh”，如图 9-12 所示。

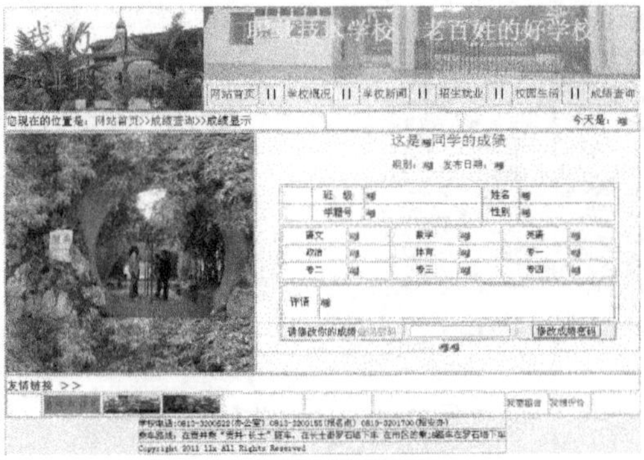

图 9-12　成绩显示页

13）学校新闻栏目页 news.asp，如图 9-13 所示。

图 9-13　学校新闻栏目页

14）学校概况栏目页 xxgk.asp，如图 9-14 所示。

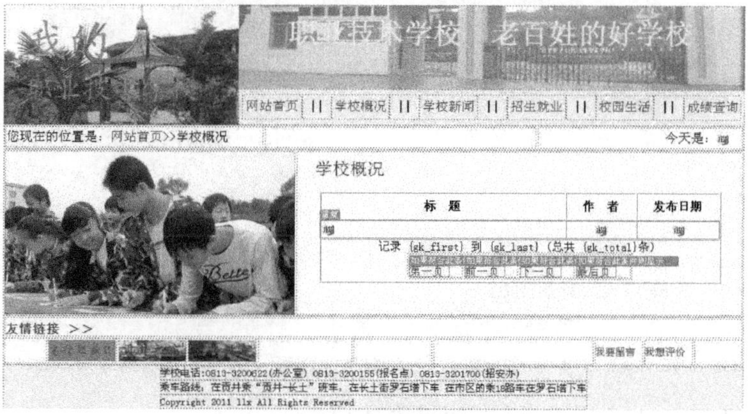

图 9-14　学校概况栏目页

15）校园生活栏目页 xysh.asp，如图 9-15 所示。

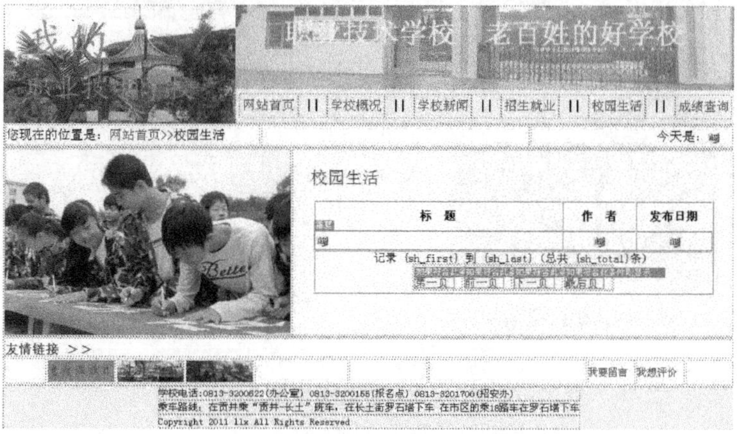

图 9-15　校园生活栏目页

16）招生就业栏目页 zsjy.asp，如图 9-16 所示。

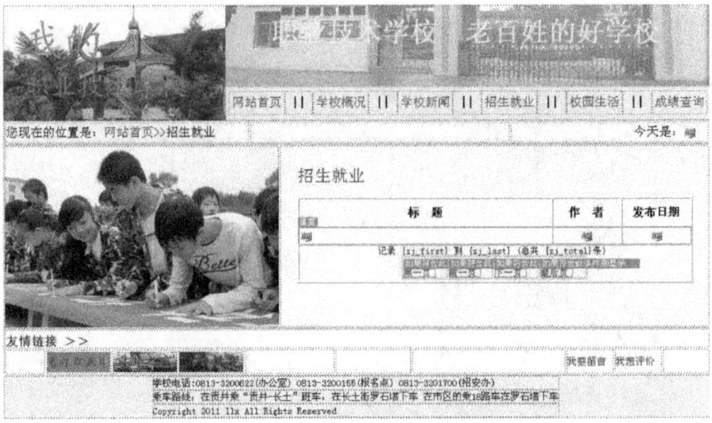

图 9-16　招生就业栏目页

17）信息显示页 xx_view.asp，如图 9-17 所示。

图 9-17　信息显示页

18）管理登录页 admin_login.asp，如图 9-18 所示。

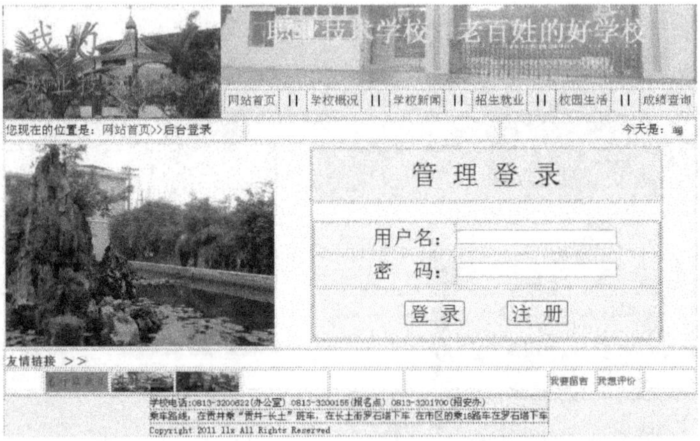

图 9-18　管理登录页

任务评价

前台网页比较多，需耐心检查调试。

内　容	分　值	自　评	师　评
网站首页	10		
信息显示网页	20		
公告显示信息	10		
留言显示与签写网页	10		
评站显示与签写网页	10		
成绩查询网页	15		
用户注册与登录网页	15		
管理员登录网页	10		
合　计	100		

任务小结

逐一检查已经基本设计完成的网页，发现问题及时修改。

触类旁通

使用数据库 study.mdb，完成对网站前台部分的检查工作，思考网页之间复杂的关系是如何建立起来的，能否再以自己喜欢且熟悉的内容为主题建立一个网站（前台部分）。

实习 1　调试网站的前台部分

实习目标：认真检查测试前台中的每个网页，从整体上测试它们之间的链接关系，从细节中检查是否有编辑上的失误。

实习课时：2。

实习过程：

1）检查测试网站首页 index.asp。

2）检查测试用户注册页 us_add.asp。

3）检查测试用户注册成功页 us_add_ok.asp。

4）检查测试用户注册失败页 us_add_wrong.asp。

5）检查测试用户登录页 login.asp。

6）检查测试注册用户信息显示页 us_infor.asp。

7）检查测试单个留言显示页 ly_view.asp。

8）检查测试留言显示与签写页 ly_list.asp。

9）检查测试留言搜索页 ly_search.asp。

10）检查测试本站评价页 ly_bzpj.asp。

11）检查测试成绩查询页 cj_search.asp。

12）检查测试成绩显示页 cj_view.asp。
13）检查测试学校新闻页 news.asp。
14）检查测试学校概况页 xxgk.asp。
15）检查测试校园生活页 xysh.asp。
16）检查测试招生就业页 zsjy.asp。
17）检查测试信息显示页 xx_view.asp。
18）检查测试管理登录页 admin_login.asp。

学习评价：

____

____

学习反思：

____

____

任务 2　调试网站后台

学习目标： 后台部分网页的设计思路基本上是相同的，主要检查各个网页在编辑过程中是否有失误和不完善的地方。

学习重点： 超链接及各个参数的检查。

学习难点： 无。

学习方法： 逐一浏览编辑。

学习课时： 2。

任务情境

网站前台已调试完成，网站后台的调试可以简单一些吗？

网站后台是动态网站非常重要的部分，是管理人员经常操作的地方。若是网站后台的设计有错，整个网站就不能正常运作。因此，与网站前台的调试相比，网站后台部分的调试检查还要更加细心。不仅要查超链接，还要将所有后台网页中的每一个功能都认真测试。

任务分析

与前台网页一样，对后台网页的调试还是要按设计要求逐个进行。网页调试虽然有些枯燥和费时，但一定不能大意。

任务实施

后台网页的编辑效果图

经过逐一调试，即做好了网站后台部分网页的最后编辑效果。

1）后台管理主页 admin.asp，如图 9-19 所示。

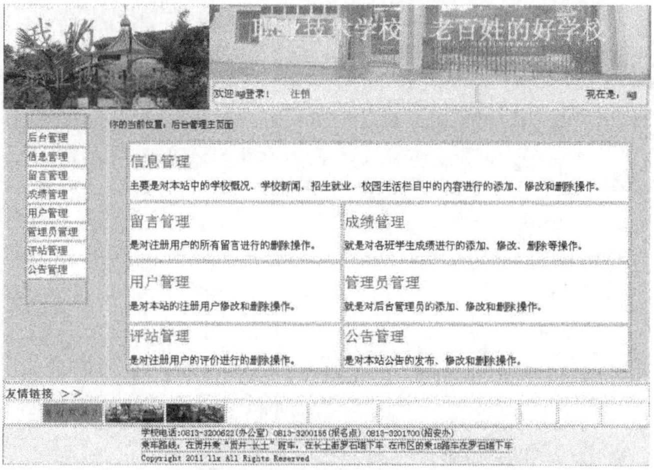

图 9-19　后台管理主页

2）信息管理页 xx_admin.asp，如图 9-20 所示。

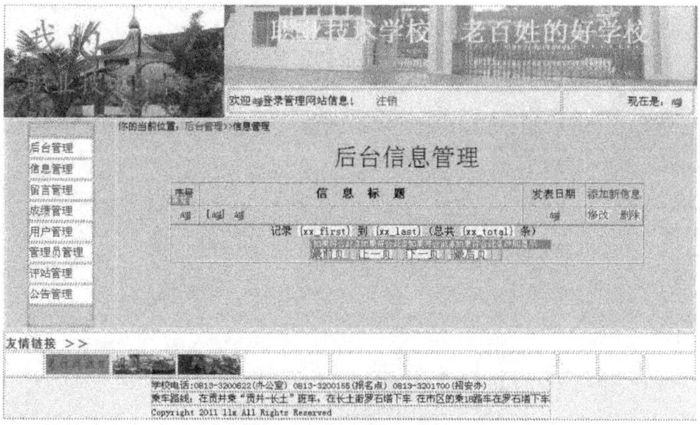

图 9-20　信息管理页

3）信息增加页 xx_add.asp，如图 9-21 所示。

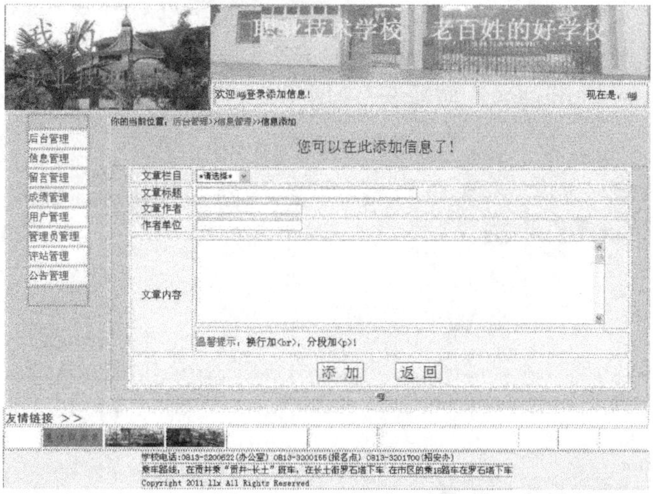

图 9-21　信息增加页

4）信息修改页 xx_edit.asp，如图 9-22 所示。

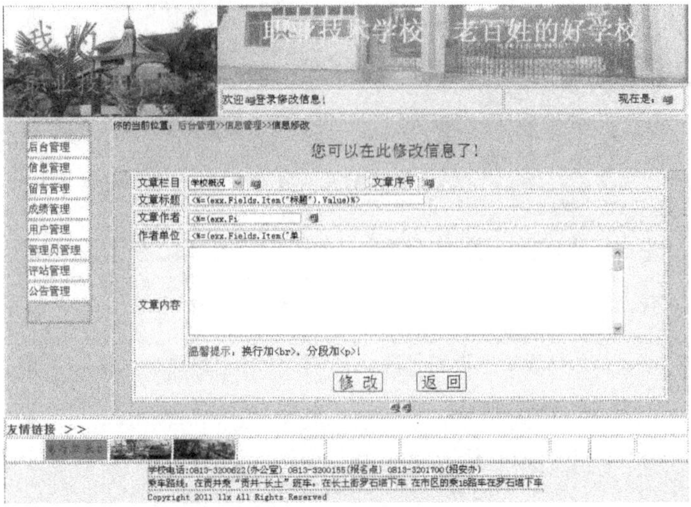

图 9-22 信息修改页

5）信息删除页 xx_del.asp，如图 9-23 所示。

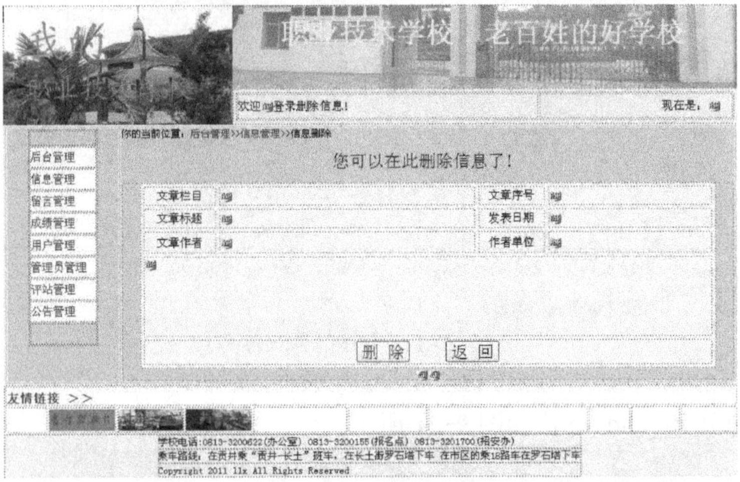

图 9-23 信息删除页

6）公告管理页 gg_admin.asp，如图 9-24 所示。

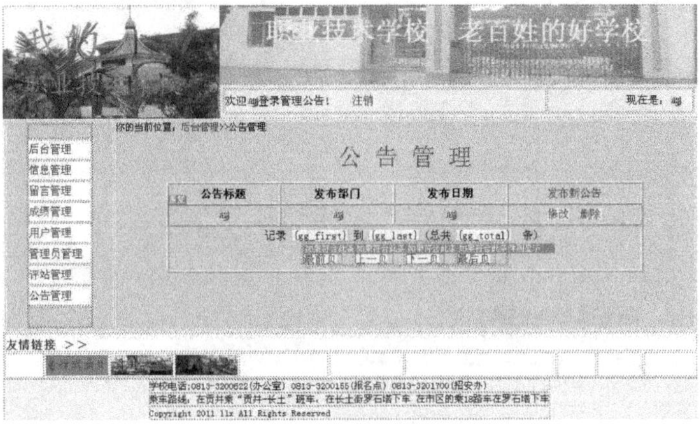

图 9-24 公告管理页

7）公告增加页 gg_add.asp，如图 9-25 所示。

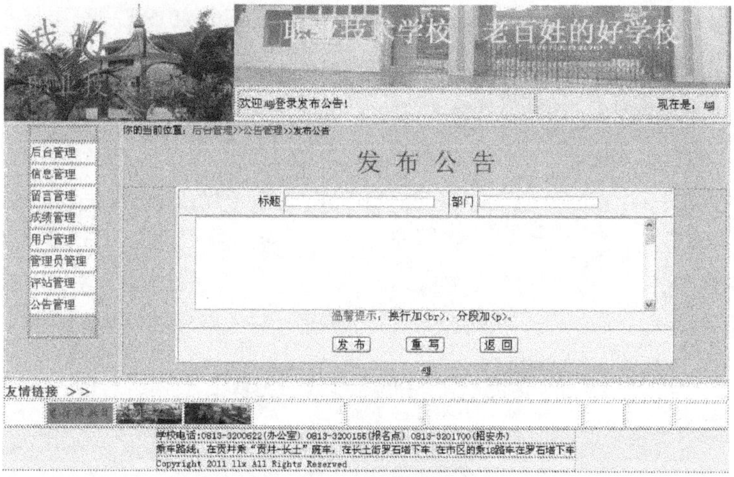

图 9-25　公告增加页

8）公告修改页 gg_edit.asp，如图 9-26 所示。

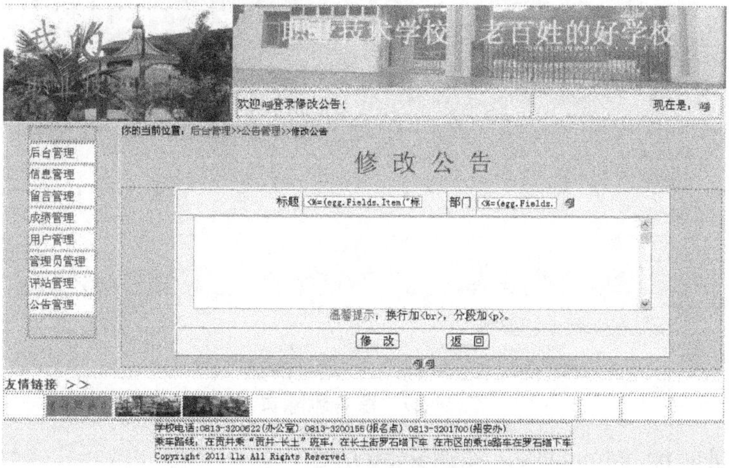

图 9-26　公告修改页

9）公告删除页 gg_del.asp，如图 9-27 所示。

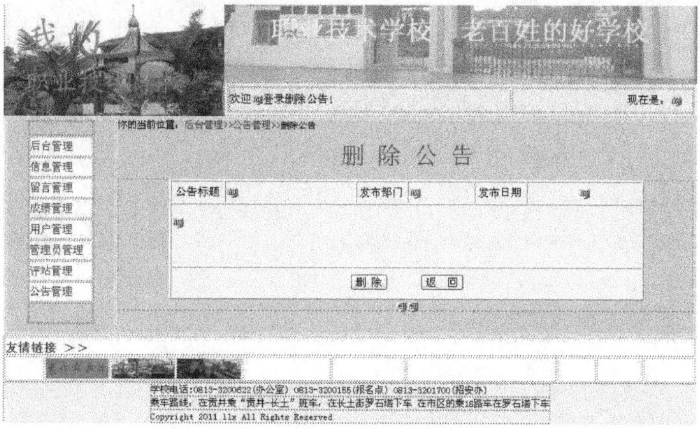

图 9-27　公告删除页

10）留言管理页 ly_admin.asp，如图 9-28 所示。

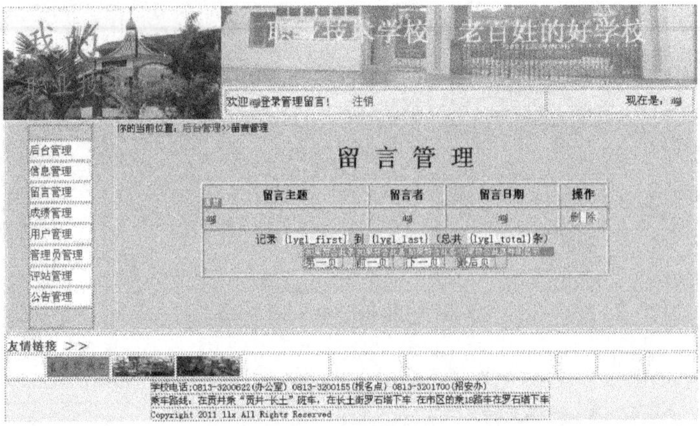

图 9-28　留言管理页

11）留言删除页 ly_del.asp，如图 9-29 所示。

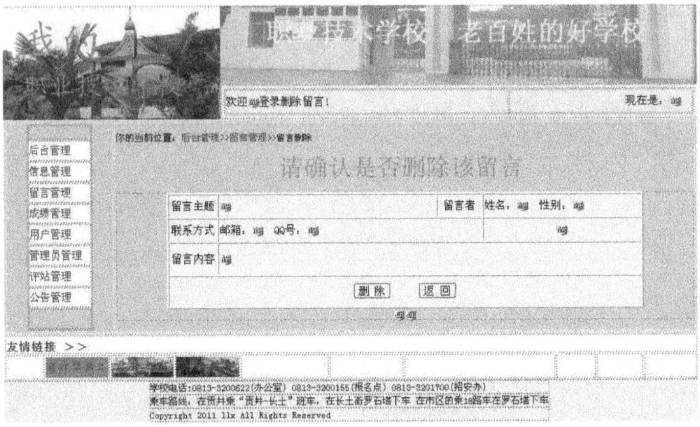

图 9-29　留言删除页

12）评站管理页 pz_admin.asp，如图 9-30 所示。

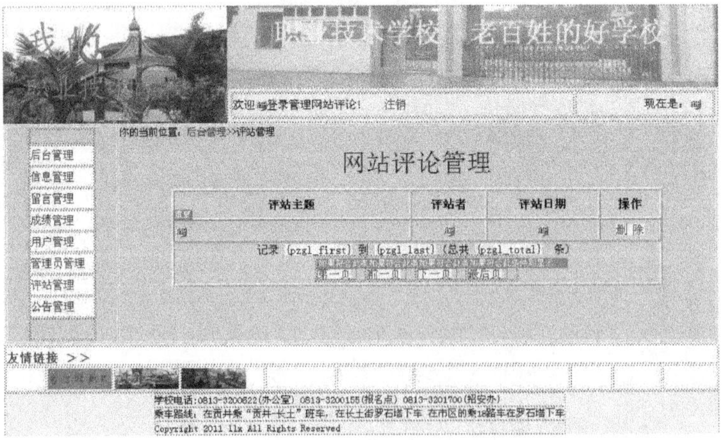

图 9-30　评站管理页

13）评站删除页 pz_del.asp，如图 9-31 所示。

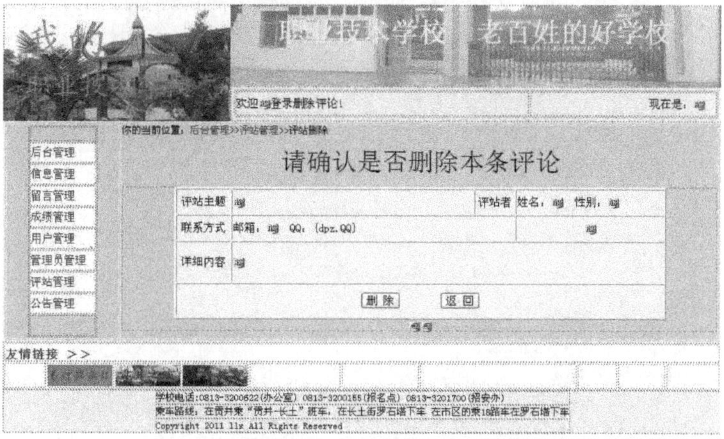

图 9-31　评站删除页

14）成绩管理页 cj_admin.asp，如图 9-32 所示。

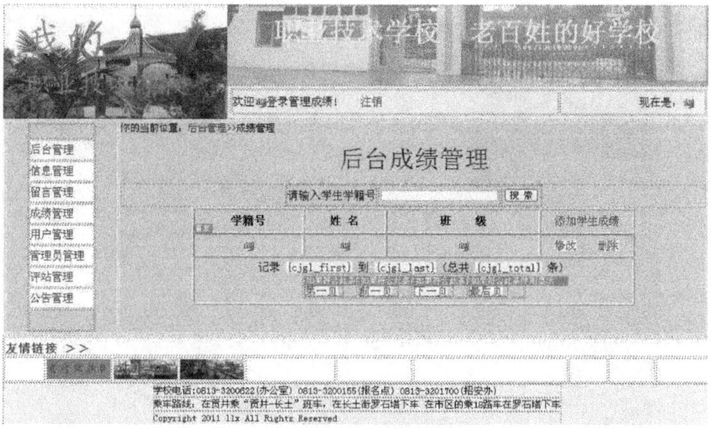

图 9-32　成绩管理页

15）成绩搜索页 cj_admin2.asp，如图 9-33 所示。

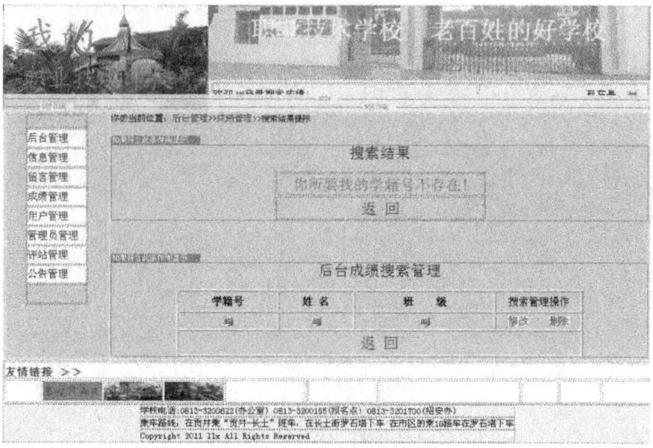

图 9-33　成绩搜索页

16）成绩修改页 cj_edit.asp，如图 9-34 所示。

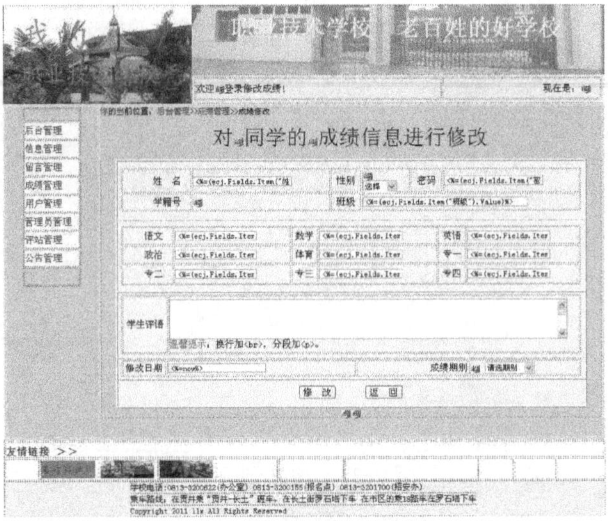

图 9-34 成绩修改页

17）成绩增加页 cj_add.asp，如图 9-35 所示。

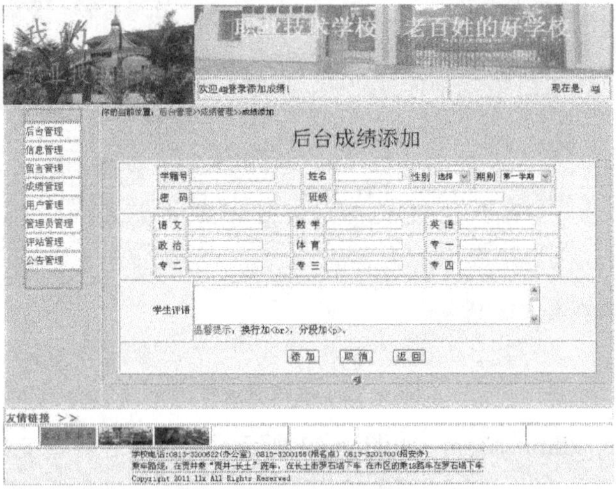

图 9-35 成绩增加页

18）成绩增加失败页 cj_add_wrong.asp，如图 9-36 所示。

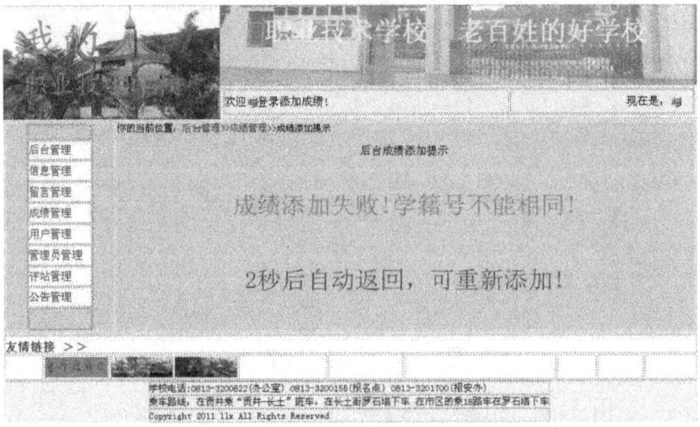

图 9-36 成绩增加失败页

19）成绩删除页 cj_del.asp，如图 9-37 所示。

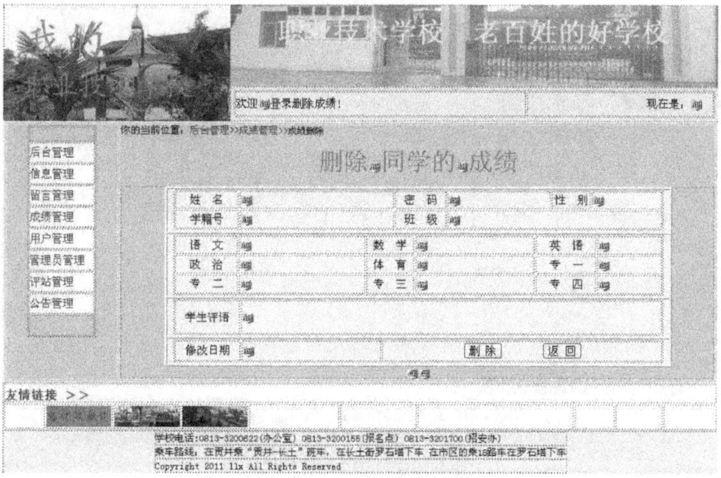

图 9-37　成绩删除页

20）用户管理页 us_admin.asp，如图 9-38 所示。

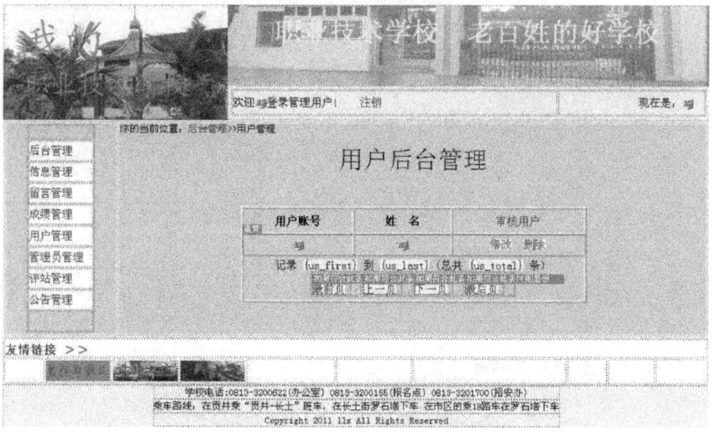

图 9-38　用户管理页

21）用户审核页 us_shen.asp，如图 9-39 所示。

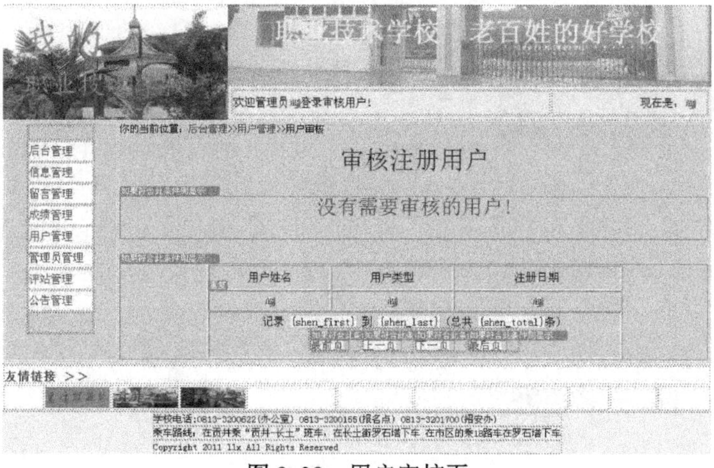

图 9-39　用户审核页

22）审核结果页 us_shen_ok.asp，如图 9-40 所示。

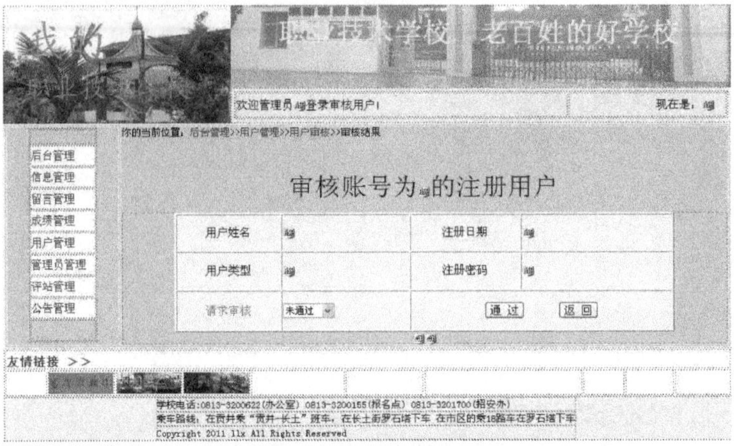

图 9-40　审核结果页

23）用户修改页 us_edit.asp，如图 9-41 所示。

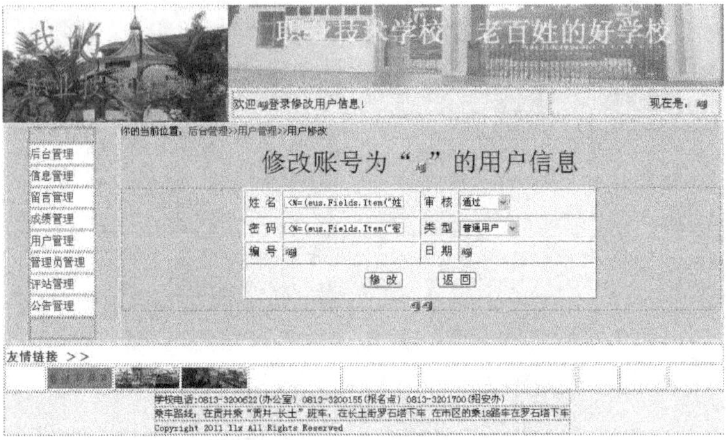

图 9-41　用户修改页

24）用户删除页 us_del.asp，如图 9-42 所示。

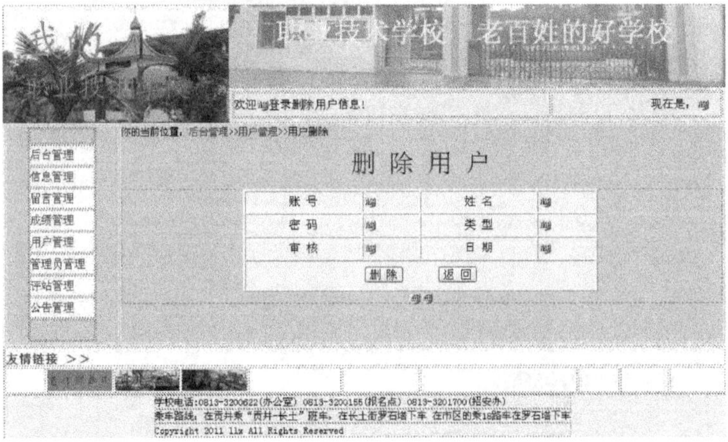

图 9-42　用户删除页

25）管理员管理页 gly_admin.asp，如图 9-43 所示。

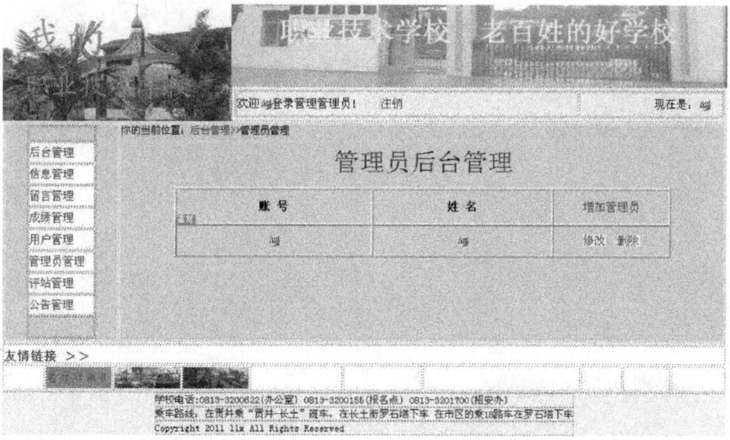

图 9-43　管理员管理页

26）管理员增加页 gly_add.asp，如图 9-44 所示。

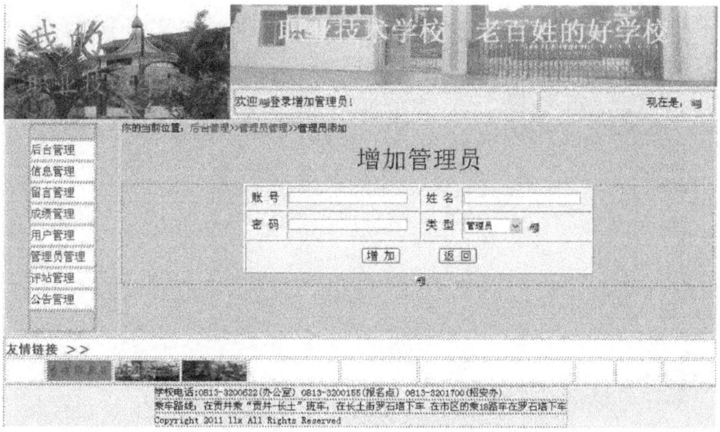

图 9-44　管理员增加页

27）管理员增加失败页 gly_add_wrong.asp，如图 9-45 所示。

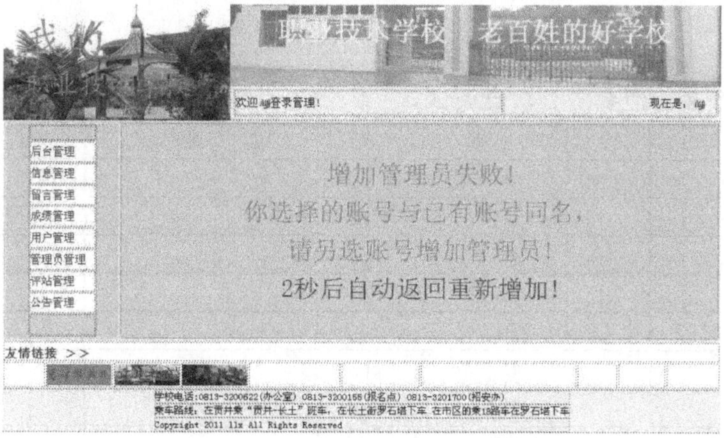

图 9-45　管理员增加失败页

28）管理员修改页 gly_edit.asp，如图 9-46 所示。

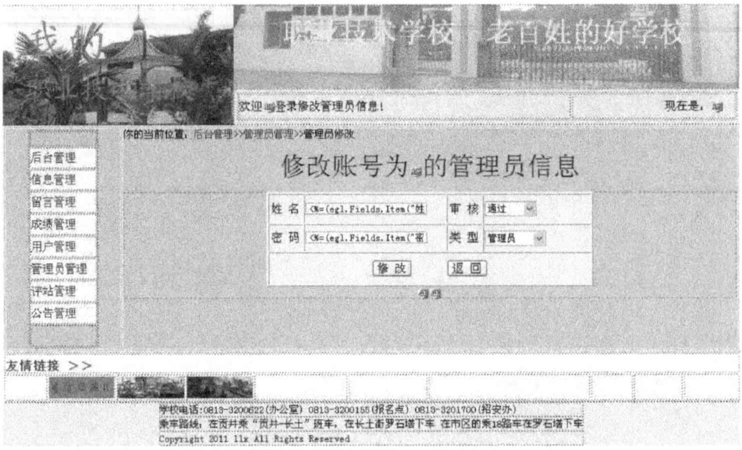

图 9-46　管理员修改页

29）管理员删除页 gly_del.asp，如图 9-47 所示。

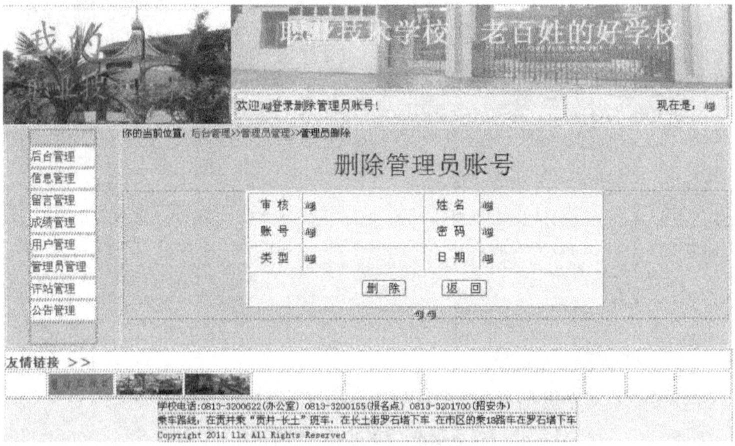

图 9-47　管理员删除页

任务评价

后台网页比较多，但要耐心检查调试。

内　　容	分　　值	自　　评	师　　评
信息管理网页	15		
公告管理网页	10		
留言管理网页	10		
评站管理网页	10		
成绩管理网页	20		
用户管理网页	15		
管理员管理网页	20		
合　　计	100		

任务小结

逐一检查已经基本设计完成的后台网页，发现问题及时修改。

触类旁通

使用数据库 study.mdb，完成对网站后台部分的检查工作，思考网页之间复杂的关系是如何建立起来的，能否再以自己喜欢且熟悉的内容为主题建立一个网站（后台部分）？

实习 2　调试网站的后台部分

实习目标：检查后台管理各个网页在编辑过程中是否有失误和不完善的地方。

实习课时：2。

实习过程：

1）检查后台管理页 admin.asp。
2）检查信息管理页 xx_admin.asp。
3）检查信息增加页 xx_add.asp。
4）检查信息修改页 xx_edit.asp。
5）检查信息删除页 xx_del.asp。
6）检查公告管理页 gg_admin.asp。
7）检查公告增加页 gg_add.asp。
8）检查公告修改页 gg_edit.asp。
9）检查公告删除页 gg_del.asp。
10）检查留言管理页 ly_admin.asp。
11）检查留言删除页 ly_del.asp。
12）检查评站管理页 pz_admin.asp。
13）检查评站删除页 pz_del.asp。
14）检查成绩管理页 cj_admin.asp。
15）检查成绩搜索页 cj_admin2.asp。
16）检查成绩修改页 cj_edit.asp。
17）检查成绩增加页 cj_add.asp。
18）检查成绩增加失败页 cj_add_wrong.asp。
19）检查成绩删除页 cj_del.asp。
20）检查用户管理页 us_admin.asp。
21）检查用户审核页 us_shen.asp。
22）检查审核结果页 us_shen_ok.asp。
23）检查用户修改页 us_edit.asp。
24）检查用户删除页 us_del.asp。

25）检查管理员管理页 gly_admin.asp。

26）检查管理员增加页 gly_add.asp。

27）检查管理员增加失败页 gly_add_wrong.asp。

28）检查管理员修改页 gly_edit.asp。

29）检查管理员删除页 gly_del.asp。

学习评价：

学习反思：

项目小结

系统调试项目看起来没有什么事可做，实际上这是对网站的最后检查，是非常细致的工作。本项目中，对网站页面的调试顺序是按前台部分、后台部分进行的，也可以按功能模块分别调试每个功能模块的前台、后台网页。对后台网页的调试，既要调试网页本身，又要时时想到网站的安全，每个后台网页都不能让未登录的用户进入。

实战强化

对前面根据数据库 study.mdb 和 student.mdb 创建的网站进行全面调试。

习题

1．填空题

在网站基本编辑完成后，上传到服务器供浏览之前，最好先在本地对其进行（　　　　　），确保在目标浏览器中，可以正常运行，没有断开的（　　　　　　），页面下载不占用太多时间等。

2．判断题

1）为了安全，后台部分的网页都应该绑定带参数的记录集，而前台网页都不能绑定这样的记录集。（　　）

2）为网站首页的“设为首页”“加入收藏”加的代码，都是超链接代码。（　　）

3．简答题

在一个网站中所有网页的页眉和页脚都必须是一样的吗？若不是，应如何设计它们？

项目 10 发布网站

学习目标：学会在互联网中申请免费的域名空间，能理解申请成功后返回来的信息。熟练掌握本地站点中远程信息的设置方法，成功上传并在互联网上利用自己申请到的域名浏览网站。

学习重点：在互联网中申请免费的域名空间，设置本地站点中的远程信息。

学习难点：设置本地站点中的远程信息。

学习方法：按本项目操作，会在互联网上搜索到所需的信息。

学习课时：2。

任务　申请域名空间并上传网站

任务情境

制作完成了本地动态网站，是不是就能让别人直接浏览了呢？

本地站点是在互联网上看不到的，只有将本地站点放在互联网的某个地方，按指定的地址，才可以在互联网上看到。到此，设计网站的操作才算完成。

要让大家在互联网上看到自己设计的网站，还要怎么做呢？

任务分析

本地网站制作完毕后，还要上传到互联网才能让别人看到你的网站。

在上传本地网站前，应先在互联网上申请存放网站的一个域名空间，这样才能把所做的网页放到 www 服务器上，供全世界的用户浏览访问。

在互联网上打开网站，浏览网站。想一想自己的网站怎样才能在互联网上打开。

任务实施

1．申请域名空间

当前网站空间一般分为免费的和付费的两种。用户可以根据站点的性质定位要使用哪一种网站空间。如果用户创建的是个人主页，则只需申请一个个人免费空间即可，没有必要申请付费网站空间；如果创建的是公司大型网站，要求有足够的网络空间及无广告的干扰，则应申请一个商业级的付费网站空间。

免费网站空间的好处是无需付费，但其缺点是提供的网络空间不稳定。付费空间的优点在于有合同约束，网络比较稳定，且它还具有自己独立的网址和 IP 地址。付费空间的缺点是，除付费外，还要求用户必须购买或租用服务器主机，而且还必须租用虚拟主机目录，才能完整地上传网页。

对于学生来说，建议暂时申请免费空间，以熟悉如何操作。

申请免费空间时，可在搜索引擎中输入“免费 ASP 空间”“免费 ASP 网站”“免费 ASP 网页”等关键字，以搜索想要的网页。

这里提供两个网站供参考。一个是“我就试试”免费空间 www.5944.net，如图 10-1 所示。另一个是“主机屋”www.zhujiwu.com，如图 10-2 所示。

图 10-1 “我就试试”空间管理界面

图 10-2 “主机屋”空间管理界面

不管是在哪个网站申请的免费空间，基本都会向用户提供如下一些信息，即用户名、密码、二级或三级域名、空间大小、FTP 上传地址、FTP 上传账号、FTP 上传密码、网站目录。获得网站空间信息后，一定要妥善保存，上传网站时要用到。将申请到的信息填入表 10-1 中。

表 10-1 申请到的信息

用户名	密码	网站域名	大小	FTP 地址	FTP 账号	FTP 密码	目录

网站的域名空间申请好后，就要把用户的本地网站上传到 Internet 服务器。现在用 Dreamweaver CS5 的 FTP 方式上传网站。

2. 设置站点远程信息

1）执行“站点”→“管理站点”命令，打开“管理站点”对话框。从列表框中选择要上传的站点，然后单击“编辑”按钮，打开“站点设置对象”对话框，在左侧分类中选择“服务器”，如图 10-3 所示。

2）从服务器的列表中选中原来定义动态站点时的“测试服务器”，再单击列表框下面的编辑按钮，出现如图 10-4 所示的对话框。

3）在如图 10-4 所示的对话框中将“连接方法”下拉列表框的值选择为“FTP”，出现如图 10-5 所示的对话框。

4）在如图 10-5 所示的对话框中设置申请的 FTP 信息。这里以在“主机屋”上申请到的免费域名空间的 FTP 设置为例来说明 FTP 的设置方法，如图 10-6 所示。

对话框中主要选项的设置说明如下。

“FTP 地址”：输入申请到的 FTP 主机地址。

“用户名”：输入网站申请的 FTP 用户名。有些是自己申请时命名的，有些是开通网站时由提供服务的网站分配的。

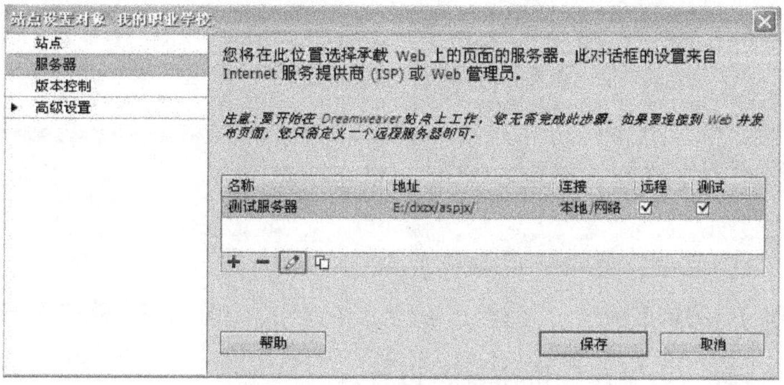

图 10-3　选择服务器分类

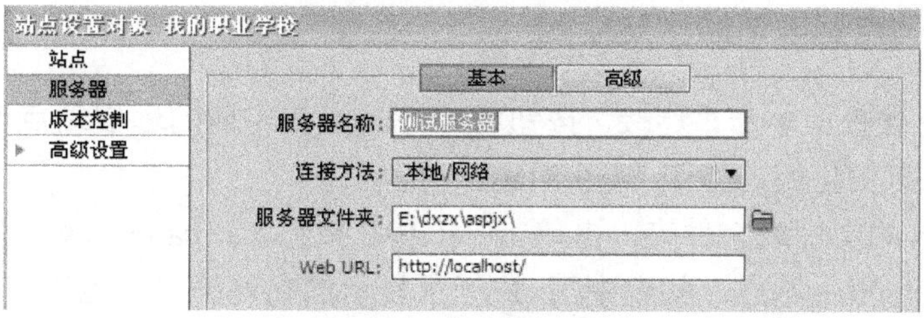

图 10-4　服务器设置

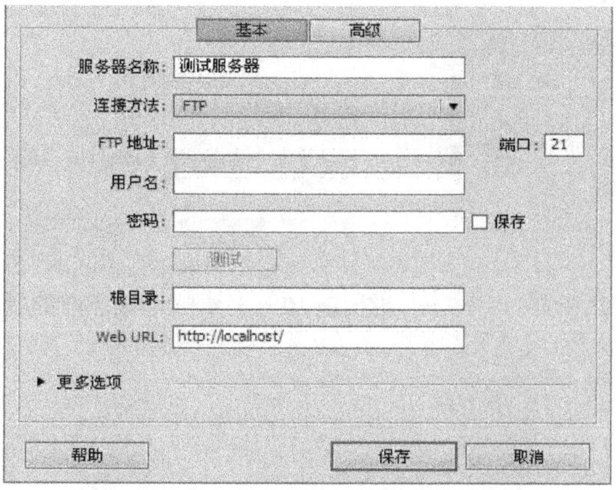

图 10-5　未设置 FTP 时的对话框

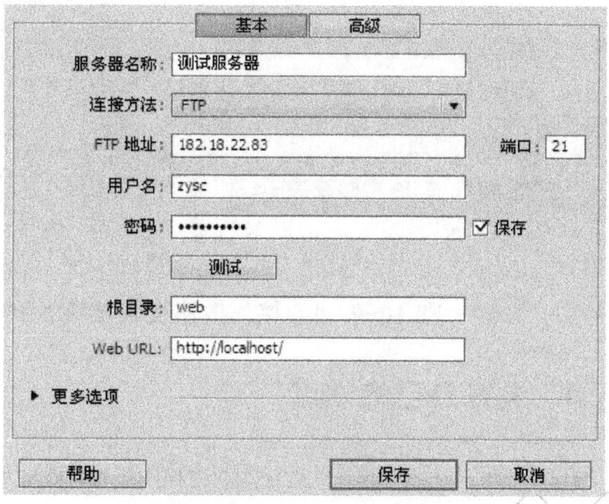

图 10-6　设置 FTP 信息

“密码”：输入网站申请的 FTP 密码。与用户名一样，有些是自己申请时命名的，有些是开通网站时由提供服务的网站分配的。

“根目录”：输入存放远程网站的路径，按照申请到的空间说明填写。“主机屋”上申请的空间填“web”，有些填“/”（表示根目录），还有些填“wwwroot”。

5）单击“测试”按钮，出现如图 10-7 所示的提示。

6）测试成功与否也会有提示，连接成功的提示如图 10-8 所示。

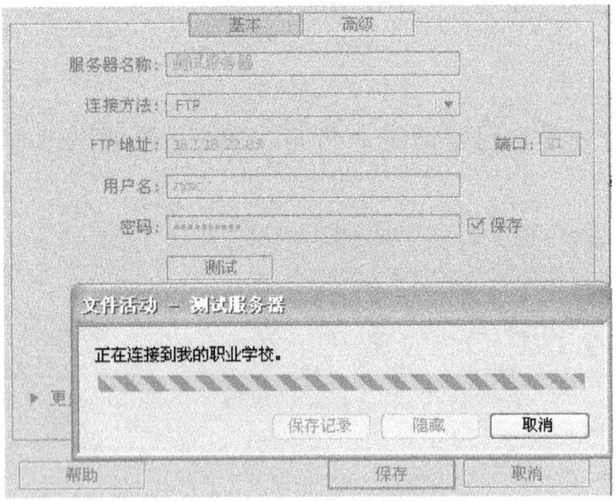

图 10-7　测试连接

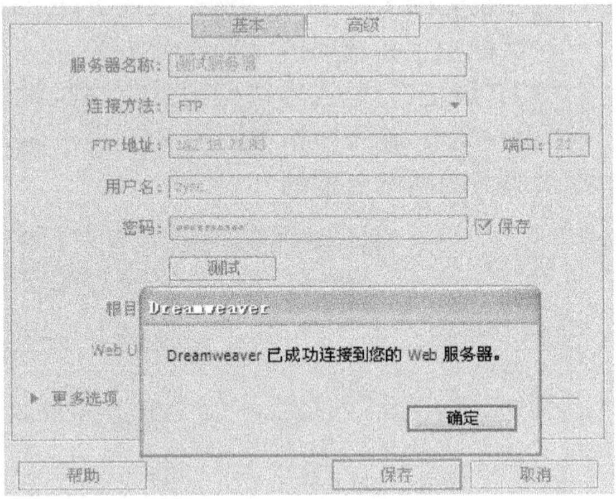

图 10-8　连接测试成功

7）依次单击“确定”“保存”按钮保存设置。

3. 上传本地站点到申请的网站空间

1）在“文件”面板上单击“连接”按钮将本地站点与申请的远程站点连接起来。“连接”按钮在连接前后是有变化的，如图 10-9 所示。

2）选中要上传的文件或文件夹，再单击“上传”按钮，Dreamweaver 就会自动将站点传送上去。这里要上传整个站点，就选中第 1 行所显示的文件夹“站点”。在弹出的对话框中单击“确定”按钮即可，如图 10-10 所示。

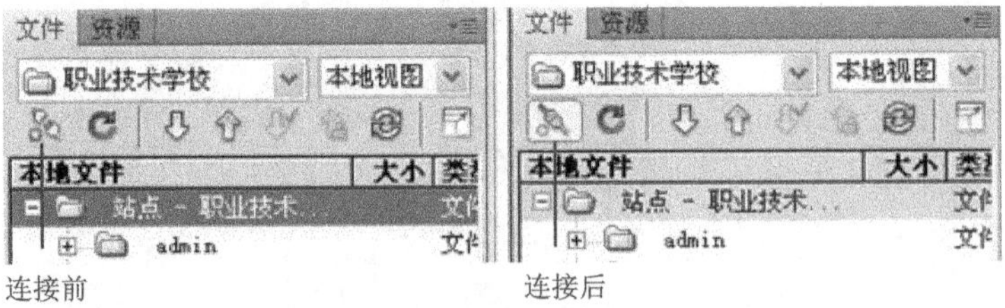

图 10-9 “连接”按钮在连接前后的变化

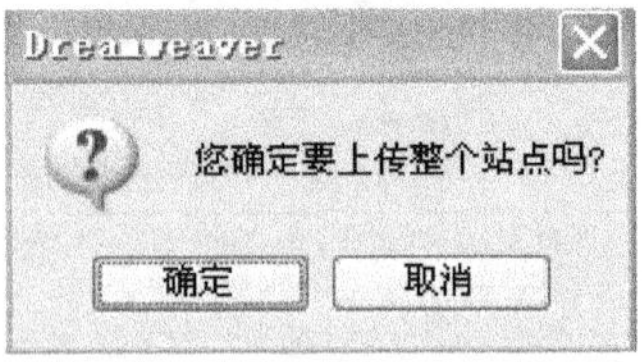

图 10-10　上传整个站点前的提示

4. 浏览自己的站点

浏览在“云之家”上申请的网站 http://zysc.web968.com。

用申请的免费域名就可浏览刚才上传的网站了。浏览效果如图 10-11 所示。

图 10-11　在互联网上的浏览效果

任务评价

本项目主要是学会把自己的网站上传到互联网中，供访问者浏览。

内　　容	分　值	自　　评	师　　评
申请免费域名空间	30		
设置本地站点的远程信息	30		
利用 Dreamweaver 上传站点	20		
在互联网上浏览自己的站点	20		
合　　计	100		

必备知识

上传网站前，先要在互联网上申请域名空间，然后对本地站点的远程信息进行设置。在不同的网站上申请的域名空间，可能存在差别，这就要在申请成功时，认真阅读 FTP 的设置说明。用同样的方法，可以很容易地将已上传的文件下载到本地硬盘中。

触类旁通

搜索选择一个提供免费域名空间服务的网站，成功申请域名空间。

将设计好的网站上传到申请的网络空间中，再用申请的域名在浏览器中浏览网站。若发现有问题，就把有问题的网页下载下来，修改后重新上传浏览。

实习　域名空间的申请与网站的上传浏览

实习目标： 学会在互联网中申请免费的域名空间。熟练掌握本地站点中远程信息的设置方法，成功上传网站并用自己申请到的域名浏览自己的网站。

实习课时： 2。

实习过程：

1）在互联网中搜索提供免费域名空间服务的网站。

2）在找到的网站中申请免费的域名空间。保存申请到的有关信息。

3）用申请到的信息设置本地站点的远程信息。

4）上传本地站点。

5）用申请到的域名在 IE 浏览器中浏览自己的网站。

6）把有错的网页下载下来，修改后重新上传浏览。

学习评价：

____

____

学习反思：

____

____

项目小结

域名空间的申请和本地网站的上传，是设计制作网站的最后任务了。它与静态网站的操作是类似的，主要区别在于动态网站要在支持 ASP 的网站上申请域名空间。

对于学习来说，申请免费的域名空间就可以了。但要注意的是，提供免费 ASP 域名空间的网站会不断变化，不能只在本项目中所提到的网站上去申请。

实战强化

1）在本项目中提到的网站上申请免费的域名空间并上传、浏览网站。

2）在百度中搜索提供 ASP 支持的免费域名空间的网站，尝试申请域名空间、设置本地网站远程信息、将本地网站上传到申请的空间、用申请的域名浏览上传的网站。

习题

1．填空题

1）当前的网站空间一般分为付费的和（　　　　　　　　）两种。初学者的个人空间一般申请（　　　　　　　　）即可。

2）上传网站时必须获得的信息是（　　　　　　　）、主机目录、（　　　　　　　）和上传密码等。

2．判断题

1）将制作好的本地网站上传到申请的免费空间后，只有部分人才可以浏览。（　　）

2）网站上传地址不可能像“221.1.217.92”，只可能像“853.4f4f.info”。（　　）

3）在Dreamweaver的“文件”面板中可以看出网站连接与否。（　　）

4）申请到的ASP空间，只能上传asp文件，不能上传html文件。（　　）

3．简答题

上传网站后，若发现文件有错则应该如何处理？

部分习题参考答案

项目 1

1．填空题

1）动态服务器页面，microsoft，web。2）动态。3）前台部分，后台部分。

2．判断题

1）√。2）×。3）×。

项目 2

1．填空题

1）.mdb。2）表结构。3）结构化查询语言，关系。
4）select，insert。5）所有的记录。

2．判断题

1）×。2）√。3）×。4）√。5）×。6）×。7）×。

项目 3

1．填空题

1）互联网信息服务。2）ASP VBScript。3）"Provider=Microsoft.jet.oledb.4.0;data source="&Server.Mappath("/db/student.mdb")，Connections，con.asp。
4）<%=now%>。5）转到详细页面。6）重复区域。7）表单。8）刷新 refresh。9）get。

2．判断题

1）×。2）×。3）×。4）√。5）×。6）√。7）×。8）√。9）×。10）×。

项目 4

1．填空题

1）onblur。2）检查新用户名。3）空格+and 审核='通过'。
4）MM_Username。5）MM_Username。

2. 判断题

1）×。2）×。3）√。4）×。5）√。

项目 5

1. 填空题

1）显示区域。2）MM_Username。

2. 判断题

1）√。2）√。3）×。

项目 6

1. 填空题

onclick="location.href='admin.asp'"

2. 判断题

1）×。2）√。3）√。

项目 7

1. 填空题

1）marquee。2）onmouseover="this.stop()"。

2. 判断题

1）×。2）×。

项目 8

1. 填空题

1）and 类型='管理员'。2）输入的值。

2. 判断题

1）√。2）×。3）×。

项目 9

1．填空题

系统调试，链接。

2．判断题

1）×。2）√。

项目 10

1．填空题

1）免费的，免费的。2）FTP 主机/FTP 上传地址，上传账号。

2．判断题

1）×。2）×。3）√。4）×。

参 考 文 献

[1] 邓佑权．零基础学 Dreamweaver CS 3+ASP[M]．北京：机械工业出版社，2008．

[2] 陈学平．Dreamweaver 8.0+ASP 动态网站开发案例教程[M]．北京：电子工业出版社，2007．

[3] 王爱民，支丽平．Dreamweaver 8 & ASP 动态网站开发基础与实例[M]．北京：中国水利水电出版社，2007．